CAMBIO CLIMÁTICO, CRISIS ECOLÓGICA Y SOSTENIBILIDAD

MIGUEL LUIS LAPEÑA

ROSMEL RODRÍGUEZ

www.cambio-climatico.guiaburros.es

EDITATUM

Si después de leer este libro, lo ha considerado como útil e interesante, le agradeceríamos que hiciera sobre él una **reseña honesta en cualquier plataforma de opinión** y nos enviara un *e-mail* a **opiniones@guiaburros.es** para poder, desde la editorial, enviarle **como regalo otro libro de nuestra colección.**

Sobre los autores

Miguel Luis Lapeña Cregenzán es diplomado en Ciencias Empresariales por la Universitat Oberta de Catalunya (UOC), diploma posgrado en Dirección de Empresas por la Universitat Pompeu Fabra, diploma posgrado en Liderazgo por la Universitat Rovira y Virgili (URV), título de Experto Universitario en Solución de Conflictos y Mantenimiento de la Paz por la UNED, programa avanzando en Responsabilidad Social por AENOR, certificación *United Nations Global Compact* (programa *SDG Ambition Accelerator*).

En el ámbito municipal ha ocupado diversas responsabilidades como concejal de Cultura, Juventud y Desarrollo Económico del Ayuntamiento de Fraga (Huesca), consejero Comarca del Bajo/Baix Cinca, diputado de régimen interior en DPH y alcalde de Fraga en la legislatura 2015-2019. Desde el 11 de marzo de 2022 ocupa el cargo de director general de Planificación y Desarrollo Económico del Gobierno de Aragón.

Ha escrito más de cincuenta artículos sobre responsabilidad social, Agenda 2030, ODS, Economía circular, sostenibilidad y gestión directiva en pymes y empresas familiares. Es autor del libro *GuíaBurros: Agenda 2030. El gran desafío del Desarrollo Sostenible.*

 **Rosmel Rodríguez Barroso** es un politólogo dedicado al activismo ambiental. Actualmente preside el Comité Europeo de Global Peace y es embajador del Pacto Climático Europeo. Es fundador y coordinador de ZORA, una ONG centrada en la implementación de la Agenda 2030 en el municipio de Marco de Canaveses, Portugal.

Cursó un máster en Administración de Empresas en la EUDE Business School, un curso de posgrado en Gestión en Desarrollo Sostenible en Cambridge University y una diplomatura en Análisis de políticas públicas en la London School of Economics. Es candidato a doctor en la Universidad de Coimbra.

Sus artículos de opinión sobre crisis ecológica, desarrollo sostenible y acción climática han sido publicados en diferentes revistas digitales de España, Portugal, Francia y Venezuela.

Agradecimientos

A la memoria de las y los activistas medioambientales que han sido víctimas al proteger y preservar nuestro hogar común, el planeta Tierra.

Rosmel Rodríguez

A mi familia, amigos y profesores.

Miguel Luis Lapeña

Índice

Introducción

El libro que tienes en tus manos cuenta como principal objetivo concienciar y divulgar información de manera sencilla y de fácil comprensión sobre la crisis ecológica, ese fenómeno que se esgrime como la gran amenaza de principios de siglo XXI, y que afecta a todo el planeta y a todos los seres vivos. Este problema puede cambiar la vida tal y como la conocemos, poniendo en riesgo la presente y las futuras generaciones.

Es una obra que invita a reflexionar sobre la vulnerabilidad de un mundo que acaba de superar las consecuencias de la pandemia de la covid-19 y que se enfrenta a desafíos de geopolítica mundial, por la gran cantidad de conflictos bélicos que estamos viviendo. Así mismo, pretende ayudar a reforzar el talento.

Esta libro es una guía de formación que tiene como objetivo enriquecer y formar una idea de la actual situación en la que se encuentra el planeta.

La obra promueve el principio de acción climática, con la finalidad de democratizar el acceso a esta información en un solo libro de fácil comprensión, para exponer la importancia de la protección y la conservación del medioambiente, para garantizar la armonía natural de nuestro hogar común, el planeta Tierra.

Los autores de este trabajo tienen valores muy similares en materia de acción climática, sostenibilidad y compromiso social frente a la crisis ecológica. Se ha redactado a partir de sus debates en los temas en cuestión, donde mezclan sus áreas de estudios académicos, activismo y trabajo para lograr una diseminación de todas esas experiencias en estas páginas, que pretenden dar una aproximación de la problemática medioambiental, de una manera sencilla y amena, que sirva de antesala para que los lectores se adentren en estas cuestiones y promover la acción climática.

Los autores Rosmel Rodríguez y Miguel Luis Lapeña, que durante estos últimos años han publicado de manera conjunta diversos artículos de opinión en Think Nets, blogs y redes sociales. También han participado en conferencias y seminarios tanto en España como en el extranjero, siempre desde una especialidad en materia de sostenibilidad y los valores de la Agenda 2030.

En estas líneas encontrarás un recorrido por los principales problemas y retos ambientales, además de un abordaje de los conceptos básicos y estrategias que intentan dar explicación y soluciones a esta problemática global. Los autores exponen el importante papel de los jóvenes, las ONG y la comunidad organizada en la acción climática, debido a que son los verdaderos líderes mediante la participación, la formación y la conciencia ante esta gran problemática que amenaza la vida tal y como la conocemos.

La situación climática en el mundo es muy complicada, por eso nace esta publicación, con el propósito de ser críticos y poner de manifiesto el problema del calentamiento global y, sobre todo, porque es hora de trabajar de manera conjunta y con responsabilidad para conseguir aplicar todos los acuerdos mundiales en cuanto al de cambio climático, muchos de los cuales se han quedado en un simple postureo.

Fruto de todo este proceso, los autores dieron el paso de manera muy entusiasta al escribir este libro, con el propósito de ayudar a comprender la problemática ambiental actual y sus consecuencias, enfocándose en elementos claves como son actuar, contribuir y explicar diversos temas dentro del universo de la crisis ecológica, la sostenibilidad y la Agenda 2030, apostando por la sensibilización ambiental para impulsar una mayor participación de todos los actores en la lucha contra el cambio climático.

Este trabajo de divulgación pretende generar y reforzar la importancia del debate en estos temas en la sociedad civil, en el sector privado y público, con un único objetivo: trabajar por esta generación y contribuir a mejorar el planeta para futuras generaciones. Este aspecto debería liderar la gestión de los diferentes Estados, instituciones, actores internacionales y nacionales con gran determinación y férreo compromiso.

Un trabajo realizado con mucha ilusión y total coordinación, que pone en valor los Objetivos de Desarrollo Sostenible, ODS4, ODS8, ODS12, ODS13, ODS16 y

ODS17 para conseguir sus metas desde el prisma de sumar y concienciar, impulsando la colaboración público-privada.

Para finalizar esta introducción, los autores te invitan a leerlo, compartirlo y divulgar la información que contiene, profundizando en estos debates, para alcanzar entre todos el objetivo de preservar el planeta y sus seres vivos.

Es hora de leer, de reflexionar y de trabajar juntos por nuestro hogar común, el planeta Tierra. Ese es nuestro mensaje: hay que pasar a la acción y comprometernos con la sociedad y el medio ambiente.

Los autores

Aproximación al cambio climático

La mayoría de nosotros hemos observado, leído o escuchado sobre fenómenos fuera de la normalidad en el clima en muchas regiones del planeta. Vemos cómo hace más calor de lo habitual, las estaciones del año están siendo cada vez más irregulares, la pérdida de grandes cosechas amenaza a poblaciones enteras, nuevos brotes de enfermedades que ya estaban erradicadas, gran cantidad de especies de animales y plantas extintas o en peligro de extinción, así como todas las consecuencias derivadas de las continuas olas de calor.

Con todas estas situaciones enumeradas en el párrafo anterior, los autores de esta obra podemos afirmar, y además con contundencia y totalmente convencidos, que estamos viviendo las peores consecuencias de la alteración de los procesos reguladores naturales del planeta. Esta situación tan desalentadora nos lleva a preguntarnos: ¿qué está ocurriendo?, ¿qué es eso del cambio climático?, ¿cómo se origina?, ¿por qué es ocasionado?, ¿en qué situación se encuentra el planeta? Este capítulo pretende dar un ligero esbozo a todas esas cuestiones sobre ese fenómeno tan complejo, que se considera como una de las grandes amenazas del siglo XXI. Por todo ello, les invitamos a reflexionar a los lectores de este libro y sobre todo a unirse a esa cultura de la sostenibilidad, tan necesaria en estos momentos.

El clima suele resultar confuso de explicar, ya que normalmente lo interpretamos como las variaciones en el tiempo atmosférico a corto plazo y nuestra memoria se ve atraída siempre hacia eventos climáticos extremos, como pueden ser las olas de frío y calor, las tormentas, las sequías, las lluvias torrenciales, etc. Pero el clima en su definición más sencilla es una medición determinada por los valores del tiempo atmosférico promedio a lo largo de diferentes series analizadas por años.

Entre estas diferentes variables climáticas, se pueden presentar cambios normales en sus patrones, es decir, no son estrictamente estáticos. Debemos resaltar que el clima del planeta Tierra ha cambiado muchísimo a lo largo de su historia, pero estos cambios normalmente ocurren poco a poco durante miles de años, ocasionados generalmente por procesos naturales del planeta Tierra, excepcionalmente por agentes externos. Un ejemplo de ello es el famoso cuento del meteorito que impactó la superficie de la Tierra, y de los gases y polvos en la biosfera que cambiaron drásticamente la armonía ambiental de esa época, lo que provocó la extinción de muchos seres vivos, entre ellos los dinosaurios.

El cambio climático puede ser entendido como una variación en esas condiciones promedio de forma acelerada, muy lejos del desarrollo natural del planeta, por acción de elementos externos a los procesos naturales del planeta, es decir, este fenómeno en concreto es originado principalmente por el impacto de la actividad del ser humano (origen antropogénico) en el planeta.

Actualmente, el cambio climático es un asunto principal en la agenda de casi todos los países, un problema de gobernanza global, es decir, que no entiende de barreras limítrofes y no tiene una solución aislada en una sola región, es un problema compartido por todos los países del mundo. Por lo que la crisis climática debe abordarse desde una perspectiva local pero sin olvidar que es un problema global, por lo que la cooperación a nivel nacional e internacional es necesaria para desarrollar planes y estrategias en materia de disminuir los efectos del cambio climático.

El tema del cambio climático no es un tema reciente, se viene advirtiendo desde hace más de cincuenta años. En este libro utilizaremos la definición sobre el cambio climático de la *Convención del Marco de Naciones Unidas sobre el Cambio Climático* (CMNCC): "Los cambios en el clima, atribuidos directa o indirectamente a las actividades humanas, que alteran la composición de la atmósfera mundial, sumándose a la variabilidad natural del clima observado ante los tiempos comparable".

Gran parte del desarrollo de la humanidad se ha basado en utilizar los recursos naturales y la modificación del entorno para satisfacer nuestras necesidades. Para entender mejor el impacto que tiene la actividad humana en el planeta, debemos ubicarnos hace más de doscientos cincuenta años, en la revolución industrial, donde se marca el comienzo de la intensificación de la actividad humana en el planeta, este gran desarrollo industrial que transformaría la sociedad, como nunca antes se había visto.

Este evento significó un antes y un después en la historia de la humanidad. Se registró un aumento significativo de la población mundial, la innovación en la agricultura y la ganadería promovió una mayor producción de alimentos, el avance en los medios de transporte e infraestructuras fueron significativos para el desarrollo comercial, de la producción en masa, y el principio de una mayor conectividad en todo el planeta. Todo esto gracias a la explotación masificada de los recursos naturales, los cuales pensábamos que los recursos naturales eran ilimitados, pero este gran avance tiene un precio.

Hemos estado viviendo por encima de nuestras posibili- dades como sociedad de consumo, usamos muchísimos más recursos de lo que el planeta puede regenerar, llegando a pasar los limites biofísicos del planeta y poniendo en riesgo la armonía natural del planeta, y con ello todo su funcionamiento interno y autorregulación.

Estas acciones generaron un impacto tan grande en el planeta que se produjo un cambio en la era geológica del planeta: pasamos del Holoceno, donde la civilización humana se desarrolló en un periodo posglacial, con un clima relativamente constante y estable, que duró aproximadamente 11 000 años, a esta nueva era geológica que los científicos denominan el Antropoceno.

El Antropoceno es entendido como el periodo geológico de la Tierra que está marcado por grandes cambios impulsados por la actividad humana en la forma en que funciona el sistema del planeta. Científicos y escritores describen que, a partir del siglo XVIII, el planeta entró en esta era geológica, caracterizada por grandes cambios climáticos, entre contaminación y pérdida de biodiversidad, que lleva a grandes crisis sociales y desafíos a los que se enfrenta la humanidad, al mismo tiempo vinculada con la rápida y acelerada actividad humana, que a partir de 1950 provocó los cambios más bruscos en las tendencias del sistema de la Tierra.

Estos cambios coinciden con la actividad industrial, sumado al proceso de la globalización, que en conjunto contribuyeron significativamente a estos picos en la actividad humana, como el aumento de la conectividad y el comercio, así como el crecimiento económico de diversos países emergentes como la India o Brasil.

El clima de la Tierra se ha caracterizado por fluctuaciones que tienen diferentes causas en sus propios mecanismos internos. Uno de estos mecanismos de regulación es el efecto invernadero, una de estas características que promueven un aumento natural en la temperatura promedio en la superficie terrestre por medio de atrapar parte de la energía del sol que entra en la atmósfera, por medio de los gases de efecto invernadero de la atmósfera (GEI). Estos gases son el vapor de agua, H_2O, el dióxido de carbono CO_2, el metano CH_4, el óxido nitroso N_2O, y el ozono O_3.

Estos tienen la tarea de absorber parte de los rayos que vienen del Sol para retenerlos e irradiarlos de vuelta a la superficie de la Tierra, lo que provoca un calentamiento adicional al planeta. Sin la existencia de estos gases de efecto invernadero, la temperatura media del planeta sería en torno a unos –18 °C de las actuales temperaturas, lo que supondría demasiado frío para el desarrollo de la vida tal y como la conocemos. Por tanto, tenemos que reconocer esto como un fenómeno natural del planeta, que le permite su propia regulación climática para generar las condiciones de vida en la biosfera.

Lo que crea distorsión en este proceso natural y desestabiliza esta armonía de regulación natural es la emisión de gases de efecto invernadero, por lo tanto, si por la quema de combustibles fósiles hay una mayor concentración de los GEI en la atmósfera, se retienen más rayos solares de los necesarios y hacen que el planeta se caliente más de lo que necesita y, por consiguiente, la temperatura del planeta aumenta cada año. Por lo tanto, la emisión sin control de gases de efecto invernadero está provocando una distorsión en la atmósfera, provocando parte de los problemas que generan la emergencia climática, evidenciada en el aumento de las temperaturas mundiales y las graves consecuencias en la salud de las personas, principalmente las más vulnerables.

Según los reportes del Grupo Intergubernamental de Expertos sobre el Cambio Climático (IPCC) el mundo es ahora aproximadamente 1,2 °C más cálido de lo que era en el siglo XIX, y la cantidad de CO_2 en la atmósfera ha aumentado en un 50 %. Se proyecta que entre 2030 y 2052 las temperaturas alcanzarán los 1,5 °C de calentamiento global. El calentamiento global de 1,5 °C planteará un mayor problema relacionado con el clima, riesgos para los sistemas naturales y humanos que los que se experimentan actualmente, pero inferiores a 2,0 de calentamiento global.

El aumento de la temperatura debe disminuir si queremos evitar las peores consecuencias. El calentamiento global debe mantenerse a 1,5 °C para 2100. Sin embargo, a menos que se tomen más medidas, el planeta aún podría calentarse más de 2 °C para fines de este siglo. Si no se hace nada, los científicos estiman que la temperatura media global de la superficie podría aumentar entre 2,6 °C y 4,8 °C. Estos cambios tendrán un profundo impacto en los ecosistemas naturales y los ciclos y procesos de la Tierra.

Atendiendo a los estudios del IPCC–2018, para limitar el calentamiento a un aumento de 1,5 °C por encima de los niveles de 1990, las emisiones globales de CO_2 deben disminuir en un 45 % para 2030 y llegar al cero neto alrededor de 2050.

Es muy importante tener en cuenta que, incluso si se pudieran detener todas las emisiones, inmediatamente las temperaturas se mantendrían en un nivel elevado durante varios siglos, ya que los gases de efecto invernadero de las emisiones humanas pasadas permanecerían en la atmósfera. Esto significa que la humanidad necesita comprometerse a reducir el cambio climático durante varios siglos. Por ello, destacamos que es momento de actuar y sobre todo de manera alineada, responsable y comprometida.

Una serie de alteraciones observadas atestiguan la realidad del cambio climático. Algunos de estos cambios clave son los siguientes:

- Durante los últimos cien años, las temperaturas de los océanos han ido subiendo a un ritmo de aproximadamente 0,1 °C por década.

- En las últimas tres décadas, el área cubierta por el hielo marino del Ártico se redujo a una tasa de 3,5 %–4,1 % por década entre 1800 y 2013. También ha habido un retroceso en el hielo marino de verano de entre 9,4 % y 13,6 % por década, lo que se cree que no tiene precedentes en los últimos 1500 años.

- Entre 1880 y 2013, las temperaturas del aire en la superficie terrestre y oceánica aumentaron un 0,85 %, siendo las últimas tres décadas más cálidas que cualquier otra década desde 1850.

- Los océanos han absorbido aproximadamente el 30 % de las emisiones de dióxido de carbono debido a las actividades humanas hasta la fecha, lo que resultó en la acidificación de los océanos.

- Los niveles atmosféricos de dióxido de carbono, metano y óxido nitroso han excedido sus niveles preindustriales en un 40 %, 150 % y 20 % respectivamente, lo que lleva a niveles de emisiones sin precedentes en los últimos aproximadamente 800 000 años.

- El calentamiento del Ártico y la descongelación del *permafrost*. Se estima que se pueda perder el 40 % de esta capa de hielo si la temperatura sube más de dos grados centígrados.

- El aumento en el nivel medio global del mar se estima que desde 1880 ha aumentado unos veintitrés centímetros, más de la mitad en los últimos veinticinco años, un estimado anual de 3,4 milímetros.

- Mayor cantidad de fenómenos meteorológicos y climáticos extremos como sequías, olas de calor y tormentas en diferentes regiones.

IPCC, 2014

Disminución de los ecosistemas naturales y la biodiversidad

En la actualidad, la humanidad utiliza el equivalente a 1,7 planetas para proporcionar los recursos necesarios para producir bienes y absorber residuos. Esto significa que a la Tierra le toma un año y seis meses para regenerar lo que se utiliza en un año. En consecuencia, es lógico el agotamiento del planeta mientras sigamos viviendo de una manera insostenible. Basado en escenarios trazados por las Naciones Unidas, un horizonte moderado sugiere que, si las tendencias actuales de población y de consumo continúan, para la década de 2030 la humanidad necesitará el equivalente a dos Tierras para sustentar la vida humana.

Para que la humanidad continúe desarrollándose y prosperando para las generaciones venideras, debemos transformar nuestro sistema de producción y consumo bajo el respeto de los "límites biofísicos planetarios", como señalan los estudios del, Stockholm Resilience Centre, que exponen el peligro que supone cruzar estos límites, lo que podría generar cambios ambientales abruptos o irreversibles.

Uno de los mayores desafíos a los que se enfrenta la humanidad es cómo trabajar hacia los objetivos de mejorar el bienestar humano erradicando la pobreza y el hambre, y asegurando el empleo y el desarrollo económico sin degradar los ecosistemas naturales de los que dependen la economía y la sociedad mundiales. Entre 1960 y 2019, la población mundial se duplicó con creces, creciendo de 3000 millones a 7700 millones, y la economía mundial creció de 11 billones de dólares a un estimado de 87 billones de dólares.

Este rápido y desproporcionado crecimiento significó que, para mantenerse al día con la demanda privada de los hogares y la industria de recursos naturales clave como alimentos, agua, madera y combustible, los humanos utilizaron mayores cantidades de recursos naturales de la Tierra a un ritmo más rápido que nunca. Las consecuencias son manifestadas en una presión sin precedentes sobre los ecosistemas de la Tierra, ya que la actividad humana altera radicalmente los paisajes naturales e interrumpe los hábitats a través de la extracción de recursos.

Los informes científicos de la Plataforma Intergubernamental Científico-Normativa sobre Diversidad Biológica y Servicios de los Ecosistemas (IPBES) estiman que cerca de un millón de especies están siendo amenazadas. Las Naciones Unidas, en el año 2019, señaló que esta situación constituye una amenaza fundamental para las economías, medios de vida, seguridad alimentaria, salud y calidad de vida en todo el mundo.

Según la Evaluación de los Ecosistemas del Milenio (MEA), también hay pruebas de que los cambios en los ecosistemas debidos a la actividad humana aumentan la probabilidad de cambios no lineales en los ecosistemas, lo cual afectaría en última instancia el bienestar humano. Algunos de estos cambios son los siguientes.

- **Uso excesivo del agua.** Una quinta parte de los acuíferos del mundo están siendo sobreexplotados según datos oficiales de la UNESCO, y alrededor de 1200 millones de personas viven en áreas de escasez de agua, donde el 75 % o más del flujo de los ríos se retira para la industria, la agricultura o el uso doméstico. El 70 % del agua dulce que se extrae anualmente para uso humano es para riego agrícola y se estima que entre el 15 y el 35 % de esta extracción excede el suministro según la Evaluación de los Ecosistemas del Milenio.

- **Nuevas enfermedades.** A medida que cambian los climas, las inundaciones o los aumentos de temperatura podrían hacer que ciertos virus y bacterias prosperen en regiones donde anteriormente estaban contenidos o no se consideraban una amenaza. Por ejemplo, el cólera, una enfermedad bacteriana causada por una bacteria que prospera en cuerpos de agua cálidos y salinos, puede fácilmente multiplicarse y extenderse a las regiones vecinas en caso de que haya una inundación y un clima adecuado para prosperar, según los estudios y datos oficiales de la Organización Mundial de la Salud (WHO).

- **Eutrofización e hipoxia.** Los cambios en los ecosistemas de agua dulce y costeros, debido al exceso de nutrientes (principalmente nitrógeno y fósforo utilizados en los procesos agrícolas, y nutrientes de las aguas residuales y la escorrentía de aguas pluviales) en estos cuerpos de agua, conducen a un crecimiento excesivo de fitoplancton, las microalgas y las macroalgas. La abundancia de estas especies de plantas a su vez conduce a cambios en el ecosistema acuático a medida que ciertas especies se mueven para escapar de su entorno cambiante, los arrecifes de coral se dañan y la hipoxia (agotamiento de oxígeno) resulta debido a la cantidad de vida vegetal que bloquea el flujo de oxígeno a las aguas del fondo, lo que en última instancia resulta en la asfixia de las criaturas marinas que viven allí, según el Instituto de Recursos Mundiales (WRI).

- **Degradación del suelo.** Un tercio de la tierra cultivable de la Tierra ha sido erosionada y degradada, y la tasa continua es de aproximadamente diez millones de hectáreas por año. Parte de esta degradación es causada por el aumento de los niveles de sal que se producen naturalmente en el suelo y en el agua de riego, que, si no se eliminan de las aguas residuales agrícolas, pueden acumularse con el tiempo, reduciendo la capacidad de los cultivos para absorber agua y dando como resultado menores rendimientos. Es necesario señalar que los contaminantes, incluidos los relaves mineros, la lluvia ácida y el uso excesivo de agroquímicos (como fertilizantes y pesticidas) causan cambios químicos en la composición del suelo y alteran sus comunidades de microorganismos. Estos suelos tienen un rol fundamental en la absorción de carbono y el filtrado del agua y su destrucción crea un círculo vicioso. Cuando se almacena menos carbono, la tierra se calienta y se degrada aún más.

- **La sobrepesca.** Para satisfacer las demandas comerciales **resulta** en un aumento en el número de especies de peces en peligro de extinción o extintas, y la recuperación de la población de peces agotada lleva varios años. Esto significa que muchas personas también pierden sus medios de vida y que los pescadores locales que dependen de las especies de peces para su sustento ya no pueden obtener cantidades adecuadas de pescado para su propio consumo, según la Evaluación de los Ecosistemas del Milenio.

- **Pérdida e introducción de especies.** Partiendo de la gran cantidad de estudios científicos y la Evaluación de los Ecosistemas del Milenio, se determina que las actividades humanas introducen nuevas especies en un ecosistema, lo que podría resultar en una disminución o extinción de otras especies nativas en el área.

- **Cambio climático regional.** La deforestación, que es en gran parte el resultado de la actividad humana (despejar tierras para fines agrícolas o industriales, o cosechar madera para la producción), resulta en una disminución de las precipitaciones. Esta reducción, a su vez, da lugar a un crecimiento forestal deficiente, lo que puede conducir a alteraciones no lineales de la cubierta forestal, según la Evaluación de los Ecosistemas del Milenio.

Cambios en la biodiversidad: lo observado y lo proyectado:

- Entre 1970 y 2010, la Tierra perdió el 52 % de su biodiversidad.

- La biodiversidad de América Latina disminuyó en un 83 % entre 1970 y 2010, y otras regiones tropicales experimentaron una disminución del 56 %.

- La tasa de extinción actual (inducida por las actividades humanas) es de entre cien y mil veces más alta que la tasa de extinción de fondo, la tasa de extinción de especies que ocurriría si las actividades humanas no interfirieran con otras especies.

- Se estima que entre el 0,01 % y el 0,1 % de todas las especies tienen probabilidades de extinguirse cada año.

- Desde 1970, aproximadamente el 76 % de la vida silvestre de agua dulce y el 39 % de la vida silvestre marina se ha perdido.

- El consumo medio mundial de pescado per cápita ha aumentado de 9,9 kg en el decenio de 1960 a 19,2 kg en 2012, y más del 29 % de las poblaciones mundiales de peces están actualmente sobreexplotadas, y un 61 % adicional plenamente explotado.

- Aproximadamente el 50 % de los corales del mundo y un tercio de los pastos marinos se han convertido en extintos.

- El cambio climático, que se alimenta en gran medida de las actividades humanas, ha contribuido a la pérdida de biodiversidad de manera sustancial. En 2014, el cambio climático fue responsable del 7,1 % de la disminución de la población animal.

El mundo ha llegado a un punto de inflexión; la sociedad ya no puede ignorar los signos de advertencia de la ciencia y la naturaleza. La evidencia es clara de que se requiere una acción rápida para revertir estas tendencias dramáticas. Tanto la industria como los individuos han contribuido a los cambios alarmantes en la capacidad de la naturaleza para proporcionar importantes recursos naturales y sistemas de apoyo críticos, y para mantener procesos regulatorios vitales.

El revertir todas estas tendencias, requerirá el reconocimiento de que la antigua forma de definir el capital para uso del sector privado y público debe ser reemplazada por un nuevo paradigma, uno que enfatice la centralidad del capital natural y social para la viabilidad de la rentabilidad y el crecimiento a largo plazo de una organización, y que reconozca la necesidad de invertir en estos capitales y mantenerlos para las generaciones futuras, siempre desde un punto de vista estratégico basado en la sostenibilidad económica, social y ambiental, es decir, la triple cuenta de resultados.

La contaminación ambiental

La contaminación del medio ambiente o polución es ocasionada por la introducción de componentes químicos, biológicos o físicos, que pueden afectar al agua, la tierra, el aire u otros aspectos del medio ambiente en el que viven seres humanos y otros organismos.

Este problema es uno de los mayores desafíos a los que se enfrenta el mundo hoy. Básicamente se trata de la introducción de cualquier sustancia o forma de energía externa al equilibrio del medio ambiente a un ritmo más rápido de lo que el medio ambiente puede acomodarlo por dispersión, descomposición, reciclaje o almacenamiento en alguna forma inofensiva.

La contaminación ambiental es desde los últimos años considerada como uno de los problemas más graves a los que se enfrenta la humanidad y otras formas de vida en nuestro planeta en la actualidad. Varios autores y la Organización de Naciones Unidas definen este proceso como "la contaminación de los componentes físicos y biológicos del sistema tierra/atmósfera hasta tal punto que los procesos ambientales normales se ven afectados negativamente".

Los contaminantes pueden ser sustancias o energías naturales en muchos casos, pero se consideran contaminantes nocivos cuando superan los niveles naturales. Cualquier uso de los recursos naturales a un ritmo superior a la capacidad de la naturaleza para restaurarse puede resultar en contaminación, tal como la del aire, el agua y la tierra.

Contaminación atmosférica

Se define como una mezcla de partículas sólidas y de gases en el aire presente en nuestro planeta. Su principal fuente proviene de las emisiones de gases de los automóviles, los productos químicos de las fábricas, el polvo y adicionalmente las esporas de polen y moho que pueden suspenderse como partículas. Por otro lado, no podemos hablar de contaminación atmosférica sin dejar de lado al ozono, el cual es un gas y tiene responsabilidad importante en la contaminación atmosférica en las grandes ciudades. Cuando el ozono se concentra en grandes cantidades, forma contaminación del aire y produce lo que también se conoce como *smog*.

La contaminación del aire se produce cuando se introducen cantidades dañinas y excesivas de sustancias en la atmósfera de nuestro planeta. Las principales fuentes de contaminación del aire incluyen gases, partículas y moléculas biológicas, por lo tanto la contaminación del aire se refiere a la liberación de contaminantes al aire que son perjudiciales para la salud humana y el planeta en su conjunto.

Los contaminantes, por consiguiente, se emiten directamente a partir de procesos tales como el consumo de combustibles fósiles, las erupciones volcánicas y las fábricas. De estas emisiones, los principales contaminantes son los óxidos de azufre, los óxidos de nitrógeno, los óxidos de carbono, las partículas, el metano, el amoníaco, los clorofluorocarbonos, los metales tóxicos, etc.

Para entender estos conceptos de manera más sencilla es necesario revisar algunos ejemplos de contaminantes primarios:

- Escape de coche, chimeneas (CO, SO_2, NO).
- Material de partículas (hollín, cenizas).
- Metales tóxicos (plomo, mercurio).
- Compuestos orgánicos volátiles (COV) (metano, propano, CFC, etc.).

Conocidos los conceptos básicos sobre qué son y cuáles son los contaminantes, es necesario profundizar en las causas de la contaminación atmosférica.

La mayor parte de las causas son de origen humano, y entre ellas destaca la quema de combustibles fósiles, ya que el dióxido de azufre emitido por la combustión de combustibles fósiles como el carbón, el petróleo y otros combustibles utilizados por procesos industriales es una de las principales causas de la contaminación del aire. Pero, como ha venido comprobándose a lo largo de los años, su uso excesivo está matando nuestro medio ambiente, ya que los gases peligrosos contaminan nuestra atmósfera.

El uso desproporcionado de combustibles fósiles emite también una gran cantidad de dióxido de azufre. El monóxido de carbono liberado por la combustión incompleta de combustibles fósiles también provoca contaminación del aire, de las siguientes fuentes:

- **Automóviles.** Los gases emitidos por vehículos como *jeeps,* camiones, coches, autobuses, etc., que tienen como principal fuente de energía combustibles fósiles, contaminan el medio ambiente. Estas son las principales fuentes de gases de efecto invernadero que aceleran la contaminación de la capa de ozono y también provocan enfermedades entre las personas.

- **Actividades agrícolas.** Aunque parece improbable que fuera lo que pensara la mayoría, el amoníaco es uno de los gases más peligrosos emitidos, y se genera durante las actividades agrícolas. Los insecticidas, pesticidas y fertilizantes emiten productos químicos nocivos en la atmósfera y la contaminan.

- **Fábricas e industrias.** Las fábricas y las industrias son la principal fuente de monóxido de carbono en el mundo. Contienen compuestos orgánicos, hidrocarburos y productos químicos. Estos se liberan al aire y degradan su calidad.

- **Actividades mineras.** En el proceso minero, los minerales de debajo de la tierra se extraen utilizando grandes piezas de maquinaria. El polvo y los productos químicos liberados durante el proceso no solo degradan la calidad el aire, sino que también deterioran de forma visible la salud de los trabajadores y las personas que viven en las zonas cercanas.

Contaminación del agua

La contaminación del agua consiste en la contaminación de las masas de agua, generalmente como resultado de actividades humanas. Las masas de agua incluyen lagos, ríos, océanos, acuíferos y aguas subterráneas. La contaminación del agua se produce cuando se introducen contaminantes en el medio ambiente natural.

No es un secreto para nadie que el agua es esencial para la vida, es innecesario explicar exactamente lo importante que es. Sin embargo, la contaminación del agua es una de las amenazas ecológicas más graves a las que nos enfrentamos hoy en día y de mayor peligro para la existencia de la humanidad. Es importante destacar que el agua es el oro del siglo XXI, simplemente por su falta de escasez. La contaminación del agua se produce cuando las sustancias tóxicas en grandes cantidades entran en cuerpos de agua como lagos, ríos, océanos, etc., disolviéndose en ellos, suspendidos en el agua o depositándose en el lecho. Este proceso degrada la calidad del agua provocando un desastre para los ecosistemas acuáticos. Los contaminantes se filtran y llegan a las aguas subterráneas pudiendo terminar en nuestros hogares como agua contaminada que utilizamos en nuestras actividades diarias, la preparación de alimentos, el aseo e incluso la más grave, la bebida.

Causas de la contaminación del agua

Las causas de la contaminación del agua varían y pueden ser tanto naturales como antropogénicas. Sin embargo, las más comunes son las antropogénicas, que incluyen:

- **Agroquímicos.** Los agroquímicos como los fertilizantes (que contienen altos niveles de nitratos y fosfatos) y los pesticidas (insecticidas, fungicidas, herbicidas, etc.) lavados por el agua de lluvia y la escorrentía superficial contaminan el agua.

- **Escorrentía de aguas pluviales.** Transportar varios aceites, productos derivados del petróleo y otros contaminantes de las zonas urbanas y rurales (zanjas). Estos suelen formar cobertizos en la superficie del agua.

- **Aguas residuales.** Vaciar los desagües y las alcantarillas en las masas de agua dulce, en concentraciones superiores a las que puede procesar el cuerpo de agua, causa contaminación. El problema es aún más grave en las ciudades.

- **Actividades mineras.** Las actividades mineras implican la trituración de rocas que suelen contener muchos metales traza y sulfuros. El material sobrante de las actividades mineras puede generar fácilmente ácido sulfúrico en presencia de agua de precipitación, lo que genera lluvias más ácidas.

- **Efluentes industriales.** Los residuos industriales que contienen productos químicos tóxicos, ácidos, álcalis, sales metálicas, fenoles, cianuros, amoníaco, sustancias radiactivas, etc., son fuentes de contaminación del agua. También causan contaminación térmica (calor) del agua.

- **Quema de combustibles fósiles.** Las partículas de ceniza emitidas durante la quema suelen contener metales tóxicos (como As o Pb). La quema también añadirá una serie de óxidos, incluido el dióxido de carbono, al aire y, respectivamente, a las masas de agua.

- **Vertederos con fugas.** Puede contaminar las aguas subterráneas debajo del vertedero con una gran variedad de contaminantes (indistintamente de lo que almacene en el vertedero).

- **Residuos animales.** Contribuye a la contaminación biológica de los flujos de agua. Hay que plantearlo de la siguiente manera: cualquier cosa que pueda causar contaminación del aire o del suelo también puede afectar a las masas de agua y causar innumerables problemas ecológicos y de salud humana.

- **Bioacumulación de metales pesados.** A través de la *dieta de pescados,* la mayoría de los peces del mundo están contaminados con grandes cantidades de mercurios, microplásticos y otros contaminantes orgánicos persistentes.

Contaminación del suelo

La contaminación del suelo o la contaminación como parte de la degradación de la tierra es causada por la presencia de productos químicos bióticos de xenón u otra alteración en el entorno natural del suelo. Por lo general, es causada por la actividad industrial, los productos químicos agrícolas o la eliminación inadecuada de residuos.

La contaminación del suelo se refiere a la contaminación del sustrato con concentraciones anómalas de sustancias tóxicas. Esta genera una grave preocupación medioambiental, ya que alberga muchos peligros para la salud de los humanos y la vida animal.

La contaminación del suelo se refiere a cualquier cosa que cause contaminación y degrade la calidad del suelo. Se produce cuando los contaminantes que causan la contaminación reducen la calidad del suelo y hacen que el suelo sea habitable para microorganismos y macroorganismos que viven en el suelo.

Causas de la contaminación del suelo

La contaminación del suelo puede ser natural o deberse a la actividad humana. Sin embargo, se reduce principalmente a las actividades humanas que causan la mayor parte de la contaminación del suelo, como las industrias pesadas o los pesticidas en la agricultura.

Las actividades industriales, como la minería, la fundición y la fabricación; los residuos domésticos, municipales, los pesticidas, herbicidas, fertilizantes utilizados en la agricultura; los productos derivados del petróleo que se liberan o se descomponen en el medio ambiente y el humo generado por el transporte contribuyen al problema. Estos incluyen productos tales como los farmacéuticos, disruptores endocrinos, hormonas y contaminantes biológicos; los cada vez más crecientes residuos electrónicos de los aparatos electrónicos antiguos; y los plásticos que, hoy en día, se utilizan en casi todos los usos humanos.

- **Contaminación natural del suelo.** En algunos procesos extremadamente raros algunos contaminantes se acumulan de forma natural en los suelos. Esto puede ocurrir debido a la deposición diferencial del suelo por parte de la atmósfera. Otra forma en que puede producirse este tipo de contaminación del suelo es a través del transporte de contaminantes del suelo con agua de precipitación.

- **Contaminación antropogénica del suelo.** Casi todos los casos de contaminación del suelo son de naturaleza antropogénica. Una variedad de actividades humanas puede provocar la contaminación del suelo.

- **Vertederos a cielo abierto.** Estos terminan disminuyendo los residuos quemándolos, lo que genera una cantidad de contaminantes orgánicos persistentes que son insertados en la cadena atrófica y son bioacumulables.

- **Plaguicidas.** Muchos de los plaguicidas suponen un peligro para los sistemas biótico y abiótico, amenazando su estabilidad y siendo nocivos para el medioambiente y los seres humanos.

- **Fertilizantes inorgánicos.** El uso excesivo de fertilizantes nitrogenados inorgánicos conduce a la acidificación del suelo y contamina el suelo agrícola.

- **Contaminación industrial.** La forma incorrecta de eliminación de residuos químicos de diferentes tipos de industrias puede causar contaminación del suelo. Actividades humanas como esta han llevado a la acidificación del suelo y a la contaminación debido a la eliminación de residuos industriales, metales pesados, productos químicos tóxicos, contaminantes orgánicos persistentes, vertido de petróleo y combustible, etc. La presencia de metales pesados (como el plomo y el mercurio, en concentraciones anormalmente altas) en los suelos puede hacer que se vuelva altamente tóxico para los seres humanos.

Contaminación plástica

Uno de los mayores contribuyentes a la contaminación del agua, del suelo e incluso de los propios seres vivos son los plásticos. La contaminación plástica afecta a todas las regiones del planeta, algunas en mayor o menor medida, y es ya una situación casi incontrolable.

Los plásticos no solo causan contaminación, sino que son una fuente significativa y creciente de emisiones de gases de efecto invernadero, ya que, cuanto más plástico fabricamos, más combustibles fósiles necesitamos y más exacerbamos el cambio climático.

La incineración de plásticos no necesariamente los elimina de nuestro planeta, solo los descompone en microplásticos y crea problemas aún mayores. Además, cuando los plásticos están expuestos a la intemperie, se descomponen en metano y etileno y, por lo tanto, liberan potentes gases de efecto invernadero.

Un dato muy alarmante es que hasta nuestros cuerpos están expuestos a la contaminación plástica, debido a que, al consumir productos que vienen en plástico, como el agua embotellada, ingerimos microplásticos sin darnos cuenta, y estos pueden atraer y unirse a sustancias químicas tóxicas cancerígenas que perjudican gravemente la salud. Este proceso no solo nos afecta a nosotros, sino a muchos seres vivos, que además después consumimos.

El asunto de los residuos plásticos es un problema ambiental fundamental y entrelazado como la crisis climática. El problema de la contaminación plástica ha alcanzado proporciones de crisis y ciertamente no debe dejarse de lado, más aún pensando en los océanos.

Para combatir el uso desenfrenado de los plásticos, necesitamos repensar el uso de este material en nuestra vida. Para evitar una mayor degradación de nuestro medio ambiente debido a la contaminación plástica, los Gobiernos deben tener reglas o políticas correctas. Los productores deben asumir una mayor responsabilidad por los desechos plásticos que generan y necesitamos una mayor conciencia de los consumidores.

Aunque no son los más conocidos, la luz y el ruido son dos tipos de contaminación que puede que no pensemos de manera inmediata como una amenaza para la biodiversidad, pero son dos de los grandes contribuyentes al deterioro medioambiental.

La contaminación lumínica

Este tipo de contaminación puede ser definida como la luz excesiva o perturbadora, que puede ser perjudicial para los animales o los seres humanos. Esto se produce cuando hay demasiadas fuentes de luz artificial en un área al aire libre. Este tipo de contaminación interrumpe la luz natural del cielo por la noche, lo que puede interrumpir el sueño y confundir a los animales. Además, el uso excesivo de luces artificiales demuestra un uso ineficiente de energía y puede ser una distracción peligrosa para el tráfico cercano.

La contaminación lumínica es una iluminación artificial que daña los ecosistemas. Las farolas brillantes y la iluminación de seguridad doméstica que filtran luz al cielo nocturno son la mayor fuente de contaminación lumínica y un desperdicio de energía. El brillo nocturno artificial se ha relacionado con una mayor incidencia de cáncer de piel en los organismos, así como con la interrupción de los ciclos vitales que dictan el sueño/vigilia y los instintos migratorios.

La contaminación acústica

Este tipo de contaminación es producida por los sonidos producidos por la acción de los seres humanos y contribuyen en gran medida a deteriorar los ecosistemas y la calidad de vida de los seres vivos. Contribuimos a la contaminación acústica conduciendo coches, reproduciendo música a todo volumen y operando otros equipos en voz alta.

Los estudios han demostrado que la contaminación acústica está directamente relacionada con la reducción de los tiempos de sueño en los seres humanos y otros animales, lo que aumenta el estrés, promueve las enfermedades y aumenta la incidencia de enfermedades mentales. También se ha demostrado que el ruido de los motores de barcos ruidosos aumenta la probabilidad de enfermedades cardiovasculares en la perca americana de agua dulce.

Utilizar la iluminación exterior que proporciona un haz de luz estrecho y enfocado en lugar de un brillo amplio y periférico puede ayudar a reducir la contaminación lumínica. Para todo ello es fundamental el respeto y el cumplimiento de las diversas ordenanzas en materia de regulación del ruido en el ámbito municipal.

Tras lo expuesto anteriormente, cabe resaltar que la contaminación medioambiental es el proceso de deteriorar el equilibrio ecológico del suelo, el agua, el aire u otras partes del medio ambiente. Esta contaminación de la biodiversidad es comprendida como la alteración y el impacto sobre la variedad de seres vivos como producto de agentes, sustancias, compuestos, elementos químicos, físicos, sólidos, líquidos y gaseosos. Pero el contaminante no necesita ser tangible, cosas tan simples como la luz, el sonido y la temperatura, pueden considerarse contaminantes cuando se introducen artificialmente en un entorno. Todo lo anterior produce una reducción en la población de diversas especies en una determinada zona y tiene como consecuencia la reducción, desaparición y disminución de la diversidad de seres vivos que interactúan en un ambiente determinado.

Los retos a los que nos enfrentamos

La humanidad se encuentra frente a unos retos que son consecuencia de este rápido crecimiento económico al que estamos asistiendo, producto de lo que hemos contado en capítulos anteriores, por lo que surge siempre la pregunta: ¿tiene la humanidad lo que se necesita para hacer frente a estos desafíos y podemos prepararnos adecuadamente para ellos? Como primera respuesta a la pregunta formulada, lo que sí está claro es que la humanidad tiene mucha más formación e información sobre las afecciones del cambio climático que hace unos años, y lo más importante, un mayor protagonismo para afrontar este reto.

En este capítulo exponemos algunos ejemplos de las consecuencias de este desmesurado crecimiento.

Crecimiento de la población y mayor prosperidad

Año tras año, la Tierra se está volviendo más concurrida. El creciente crecimiento de la población desde el comienzo de la Revolución Industrial continúa ejerciendo presión sobre los recursos naturales ya limitados. A partir de la década de 1750, a medida que los avances tecnológicos permitieron mejoras en la producción y distribución de alimentos, la atención médica y el saneamiento, y una vida más segura y en las condiciones de trabajo, las tasas de mortalidad disminuyeron y las personas pudieron vivir vidas más largas y saludables. En resumen, el aumento de la prosperidad económica y el avance tecnológico facilitaron el crecimiento de la población. Para cuando llegó el período de crecimiento económico de la posguerra en los años 50 y 60, la población mundial había superado los tres mil millones, y en 2011 la población mundial total alcanzó los siete mil millones, según los datos oficiales de la Oficina de Referencia de Población (PRB).

Este crecimiento exponencial de la población se traduce en una mayor demanda de recursos como alimentos, energía y agua, recursos que ya son escasos. El crecimiento de la población actualmente no es tan rápido como lo fue durante el pasado siglo. Sin embargo, en la actualidad todavía hay aproximadamente 200 000 nuevos bebés nacidos cada día, lo que significa que es poco probable que haya una menor demanda de recursos para mantener la vida a corto plazo.

La economía en constante expansión

El producto interior bruto (PIB) se utiliza como una medida de la producción económica para el individuo, los países. La medida del PIB mundial ha aumentado a un ritmo constante durante los últimos dos siglos. Con las nuevas tecnologías, se hizo posible aumentar drásticamente la producción por persona. Si bien el crecimiento en naciones más establecidas e industrializadas como Europa y América del Norte puede estar desacelerándose, las economías emergentes de Asia, América del Sur y África todavía están industrializándose, lo que significa que se espera un mayor crecimiento en las próximas décadas.

Rápida urbanización

Más de la mitad de la población mundial vive en pueblos y ciudades. Esto está en marcado contraste con principios de 1800, cuando aproximadamente solo el 2 % de la población vivía en entornos urbanizados. Se estima que otros 2500 millones de personas vivirán en pueblos o ciudades para 2050, y la mayor parte de este crecimiento provendrá de países en desarrollo con economías de rápido crecimiento.

Los desarrollos tecnológicos que resultaron en la Revolución Industrial y las prácticas agrícolas más intensivas permitieron esta migración masiva a las ciudades. Los agricultores podían producir más alimentos para alimentar a las personas en las zonas urbanas, y se incentivaba a las personas a mudarse a las ciudades en busca de mejores oportunidades de empleo. El desafío con la urbanización masiva es que la afluencia de personas ejerce una presión excesiva sobre la infraestructura a medida que las ciudades intentan acomodar a más personas dentro de un espacio limitado. Los factores a tener en cuenta incluyen presión sobre los suministros de agua, sistemas de alcantarillado, carreteras, viviendas y redes de transporte. A medida que las ciudades se expanden debido al aumento de la población, se ejerce más presión sobre la calidad de vida promedio dentro de estas ciudades. Por todo ello, nace el concepto de megaciudad.

Creciente demanda de energía

Con la adopción masiva de la energía de combustibles fósiles a principios del siglo xx, el mundo vio un gran aumento en la demanda de energía. Hasta entonces, los humanos habían dependido principalmente de la madera, las plantas y el estiércol para la mayoría de sus necesidades energéticas. La energía de combustibles fósiles (carbón, petróleo y gas) abrió las puertas para que se desarrollaran nuevas industrias, y resultó en un aumento de la eficiencia y la capacidad de introducir la producción en masa en las industrias existentes.

Además, aumentó la disponibilidad de energía asequible para el consumo de energía, ya que más personas deseaban poseer bienes intensivos en energía y vivir en casas con electricidad. La necesidad de transporte de larga distancia resultó en un fuerte aumento en la demanda de petróleo para impulsar el transporte.

El desafío con la dependencia actual del mundo de los combustibles fósiles para obtener energía es que, al ritmo rápido que se consumen, son fuentes de energía no renovables. Además, la quema de combustibles fósiles se suma a la reducción de la calidad del aire y al aumento de los gases de efecto invernadero en la atmósfera que contribuyen al cambio climático. Si bien se está avanzando en el desarrollo de fuentes alternativas de energía renovable (energía eólica y agua), la mayoría del mundo todavía depende de los combustibles fósiles para sus actividades de producción y consumo.

La era digital también ha contribuido a una mayor demanda de electricidad, ya que la mayoría de las actividades laborales y de ocio ahora requieren dispositivos tecnológicos y acceso a Internet. Lo más probable es que esta demanda continúe aumentando a medida que las crecientes clases medias en las economías emergentes obtengan el poder adquisitivo para comprar estos dispositivos tecnológicos. En todo este proceso, juegan un papel clave las nuevas fuentes de energía, tanto fotovoltaica como eólica.

Seguridad alimentaria

Un gran contribuyente al rápido crecimiento de la población ha sido la disponibilidad, para la mayoría de la población mundial, de un suministro adecuado de alimentos. Las innovaciones en la agricultura, incluida la adopción generalizada de fertilizantes, pesticidas, riego y mecanización, han hecho posible que las prácticas agrícolas modernas sostengan a la mayoría de los siete mil millones de personas en el planeta. Las prácticas agrícolas a gran escala también permitieron a las personas trasladarse de las zonas rurales a las ciudades y pueblos, y promovieron el crecimiento económico.

La producción de grano sigue siendo la columna vertebral de la agricultura, con maíz, trigo y arroz representa la mayor parte de la producción mundial de granos. El consumo de carne y lácteos también ha aumentado a medida que los individuos se han convertido, lo que ejerce más presión sobre el medio ambiente, siendo a su vez un elemento económico clave en las zonas rurales, ya que generan muchos puestos de trabajo directos e indirectos. Esto se debe a que la producción de carne y lácteos es mucho más intensiva en recursos, y requiere considerablemente más tierra y agua que la agricultura de granos y verduras. Uno de los desafíos actuales de la humanidad es mantener la salud del suelo y el acceso al agua dulce, ambas condiciones vitales para que la agricultura de alta calidad produzca rendimientos lo suficientemente grandes como para continuar alimentando a la población mundial.

Agua para la vida

El agua es esencial para la vida, todos los organismos vivos dependen de ella para sobrevivir. En la población humana es esencial para beber, lavarse, las prácticas agrícolas y los procesos industriales (que en última instancia contribuyen al desarrollo económico). Según el Consejo Mundial del Agua, en los últimos años los efectos devastadores de la escasez de agua debido a su mala gestión y al cambio climático se han sentido intensamente, especialmente en el sector agrícola, donde los suministros inadecuados de agua han llevado a cultivos fallidos y a la disminución de los rendimientos. Esto, a su vez, resulta en un aumento de los precios de los alimentos y amenaza directamente la calidad de vida (y, en algunos casos, el sustento mismo) de los seres humanos. Otras formas de vida también se ven afectadas negativamente, ya que la disminución de los suministros de agua altera sus hábitats. Aunque el 70 % de la superficie de la Tierra está cubierta por agua, solo el 2,5 % de esa agua es agua dulce, con el resto salina y oceánica.

El desafío al que se enfrenta la humanidad es mantener el crecimiento y el desarrollo sin dejar de hacerlo, salvaguardar los escasos suministros de agua. Desde 1900, la Tierra ha visto un aumento de seis veces en el consumo de agua, en gran parte debido al crecimiento de la población. En promedio, aproximadamente el 70 % del agua dulce mundial se extrae para fines agrícolas, y se pronostica que el uso del agua para fines agrícolas, industriales y domésticos continuará aumentando hasta 2025. Existe una tensión constante entre la innovación y la preservación de los recursos escasos.

Se ejerce una presión adicional sobre los suministros de agua disponibles a través de una mala administración de los recursos y factores naturales, como por ejemplo:

- Uso ineficiente del agua en la industria, la agricultura y los hogares
- Daños a los ecosistemas que aseguran el suministro de agua
- Interrupciones en el ciclo del agua debido al cambio climático

Aumento del consumo y la desigualdad

El consumismo es una característica distintiva de la vida del siglo XXI, nunca habían estado disponibles más productos y servicios. Los reportes científicos señalan que el consumo mundial total de materiales de construcción, minerales, combustibles fósiles y biomasa es actualmente diez veces mayor que en 1900.

La principal razón de preocupación con respecto a este fuerte aumento en el comportamiento de consumo es que cada artículo que los humanos consumen y eliminan se origina en un recurso natural. Estos recursos no siempre son renovables (como los minerales), y el proceso de convertir estos recursos en productos terminados produce residuos, incluidas toxinas y grandes cantidades de gases de efecto invernadero. Por esta razón, si la humanidad no se compromete a adoptar diferentes patrones de producción y consumo, las tendencias al alza en el crecimiento de la población y el desarrollo económico darán lugar a una presión aún mayor sobre los sistemas naturales. Parte de repensar el enfoque predominante de la producción y el consumo también significa redefinir las prioridades, ya que el modelo de crecimiento económico actual prioriza el crecimiento sobre las consideraciones ambientales.

Los países no consumen recursos a un ritmo igual: los países de ingresos más altos utilizan más recursos que los países de bajos ingresos debido a los estilos de vida de alto consumo que prevalecen en los países del Norte Global.

En el mundo, el 20 % más rico de la población consume cerca del 75,6 % de todos los recursos, y el 20 % más pobre consume solo el 1,5 % de todos los recursos mundiales, según el científico y activista medioambiental Tony Juniper.

Existe una brecha cada vez mayor entre las personas más ricas y las más pobres dentro de los países y en todo el mundo. La forma actual de crecimiento económico está exacerbando esta desigualdad. Aunque los ciudadanos de los países en el Norte Global podrían consumir más bienes y servicios a medida que su economía crece, el efecto neto de este crecimiento es que la brecha entre los niveles de ingresos de los ricos y los pobres continúa ampliándose según datos de Oxfam.

Migración y refugiados

Los impactos del cambio climático son numerosos y pueden desencadenar desplazamientos y empeorar las condiciones de vida u obstaculizar el retorno de aquellos que ya han sido desplazados. Los recursos naturales limitados, como el agua potable, son cada vez más escasos en muchas partes del mundo que acogen a refugiados. Los cultivos y el ganado luchan por sobrevivir donde las condiciones se vuelven demasiado cálidas y secas, o demasiado frías y húmedas, lo que amenaza los medios de vida. En tales condiciones, el cambio climático puede actuar como un multiplicador de amenazas, exacerbando las tensiones existentes y aumentando el potencial de conflictos. Los peligros resultantes de la creciente intensidad y frecuencia de los fenómenos meteorológicos extremos, como las lluvias anormalmente intensas, las sequías prolongadas, la desertificación, la degradación del medio ambiente o el aumento del nivel del mar y los ciclones, ya están causando que un promedio de más de veinte millones de personas abandone sus hogares y se trasladen a otras zonas de sus países cada año.

Las tendencias recientes indican más desplazamiento interno debido a desastres relacionados con el clima que a conflictos, donde de hecho, de los 30,6 millones de personas desplazadas en 135 países en 2017, el 60 % fueron como resultado directo de desastres.

Por tanto, reales como la crisis ecológica son también los refugiados climáticos o los migrantes climáticos; ya sea que sean reconocidos o categorizados, dado que el concepto de *refugiado climático* no tiene antecedentes legales, deberíamos usarlo para promover el debate sobre cómo la crisis ecológica es responsable, e incluso enfatizar los problemas sociales y económicos ya existentes antes de este punto. La gravedad de la situación de estas personas no debe ser minimizada. Millones de personas en todo el mundo, ya sea el Norte Global o el Sur Global, se han visto obligados a huir de sus hogares, aunque debemos resaltar que los países del Sur Global pueden tener la huella de carbono más pequeña, pero ya se enfrentan a un clima extremo causado por el calentamiento global. Los estilos de vida privilegiados en Europa, América del Norte y otras naciones del Norte Global producen una huella de carbono cien veces mayor que la de las naciones pobres del mundo combinadas. Las comunidades más pobres y vulnerables son las que menos contribuyeron al calentamiento global y son las que están pagando el precio más alto ante esta situación, debido a que son las más afectadas por esta crisis. Un ejemplo de ello es el reporte de la organización Oxfam correspondiente a su informe del año 2013, en el que destacó que las 85 % de las personas más ricas del mundo poseían la misma cantidad de riqueza que la mitad más pobre de la población mundial.

El Norte Global está consumiendo más y tiene más impacto en el cambio climático que el Sur Global, por lo que no solo debemos repensar nuestra relación con el medioambiente, sino que también debemos repensar el respeto que tenemos por todos los seres humanos, no importa si están en el hemisferio sur o norte, y abordar el problema de la manera más efectiva y humana posible.

Acción climática y conceptos necesarios para comprenderla

¿Sostenible o sustentable? Aunque solemos utilizar ambos conceptos como sinónimos, abarcan dimensiones diferentes. Lo sustentable se aplica a la argumentación para explicar razones o defender, en tanto que lo sostenible es lo que se puede mantener durante largo tiempo sin agotar los recursos. La principal diferencia entre la sustentabilidad y la sostenibilidad es que la primera se centra en estos recursos y su uso racional, mientras que la segunda tiene en cuenta toda una serie de procesos que buscan un cambio integral: medioambiental, social, económico, político y cultural. Es importante destacar que muchos científicos y ecologistas del siglo xx acuñaron el término a la luz de los cambios que se venían suscitando luego de la Conferencia de Estocolmo y la Conferencia de Río. Posteriormente se popularizó el término desde la onu con la adopción de los Objetivos del Milenio (ODM), los mismos que en el año 2015 fueron actualizados y ampliados dando paso a los Objetivos para el Desarrollo Sostenible (ODS).

Para nosotros la sostenibilidad puede ser expresada como la continua búsqueda de la armonía para procurar la coexistencia de nuestra especie con el medioambiente, mientras seguimos desarrollándonos como sociedad.

Cuando hablamos de acción climática se nos vienen varias imágenes a la cabeza: las protestas climáticas intergeneracionales demandando justicia ecológica, los esfuerzos multilaterales e internacionales por llegar a acuerdos a través del ejercicio de la diplomacia que logre velar por el futuro de la vida en la Tierra, o quizá el ciberactivismo en redes sociales y demás plataformas. Lo cierto es que cada una de estas referencias ilustra la acción climática como cualquier tipo de medida, acción, política o práctica material-discursiva que tenga como fin contribuir a los esfuerzos para refrenar los efectos de la crisis climática. Como tal, existen definiciones sobre el concepto que son mayoritariamente provenientes del objetivo de desarrollo sostenible n.º 3, denominado "Acción por el clima", en el cual se estipula "adoptar medidas urgentes para combatir el cambio climático y sus efectos" (ONU, 2022).

Es menester resaltar un dato muy importante para entender el auge de la acción climática, y es que el 1 % de la población con más acumulación de riquezas en el mundo emite el doble de emisiones de gases de efecto invernadero que el 50 % más pobre del mundo, es decir unos 3100 millones de personas.

Consideramos que la labor de los activistas medioambientales no es sobreproteger la naturaleza, asustar o estigmatizar sobre el impacto del ser humano sobre el medioambiente, sino divulgar las preocupaciones sobre la crisis ecológica y promover el debate sobre la sostenibilidad para crear conciencia, tomar acción y motivar a la participación frente a este problema global.

Es necesario puntualizar que la acción fragmentada y descoordinada en la lucha contra el cambio climático, la pérdida de la biodiversidad y la contaminación está provocando que estemos por debajo de lo necesario para prevenir el declive ambiental. Aunque la amenaza del cambio climático genera un patrón cognitivo sorprendentemente paradójico y casi incomprensible. Muchos somos conscientes de la irreversibilidad del cambio climático, pero algunos son incapaces de traducir esto en una conducta responsable con el medioambiente.

Debemos hacer un análisis de la situación y ser conscientes de que la debilidad ambiental nos ha vuelto más vulnerables, y aceptar que debemos hacer cambios en los estilos de vida para lograr mitigar esta problemática. Solo así se posibilitarán y ayudará en el cambio necesario del modelo de producción y consumo, y conseguir un sistema que apueste por lo sostenible, y una sociedad resiliente y más conectada con la naturaleza.

La acción climática es decisiva porque indica que somos capaces de movilizarnos por un bien común que afectará más a las futuras generaciones. Tomamos acción a riesgos latentes que van más allá del interés inmediato, dejamos de considerar el futuro como el vertedero del presente; por tanto, el poder colectivo de las personas para dar forma al futuro es mayor ahora que nunca, y la necesidad de ejercerlo es más convincente. Movilizar ese poder para hacer la vida en el siglo XXI más democrática, segura y sostenible es el principal desafío de esta generación.

Uno de los graves errores son los postureos que se están llevando a cabo en materia de sostenibilidad y de Agenda 2030, lo que en términos anglosajones se denomina *greewn washing,* que define aquellas acciones en materia de sostenibilidad que están más ligadas a elementos de *marketing* que implantar medidas concretas en materia de sostenibilidad, tanto en el ámbito público como en el privado, y eso genera malas prácticas que perjudican los valores de la sostenibilidad y, por lo tanto, del planeta y de la humanidad.

Esas acciones perjudican en gran medida los valores y principios de los ODS, algo que perjudica gravemente al futuro de las personas y del planeta, ya que el *green washing* es desventajoso desde el punto de vista económico y condenable desde el punto de vista ético. La falta de honestidad, ética y transparencia daña la reputación de las empresas, las cuales tienen un papel fundamental en el cuidado del medioambiente y en el futuro del planeta, dejando atrás ese concepto de responsabilidad social en el ámbito de la empresa. Justamente este *lavado verde* da cabida a las tergiversaciones en lo que respecta a la crisis climática, pensado desde grandes *think tank* y compañías de *marketing* para proyectar información contradictoria al respecto de la responsabilidad de estas grandes empresas o grupos de interés económico.

El *green washing* no solo se resume a este tipo de acciones, varía desde la utilización de imagotipos, paletas de colores ecológicos, productos *ecofriendly,* hasta las grandes estrategias que posicionan presuntas acciones benéficas en pro del ambiente, tal como sucede con los bonos verdes, con la tercerización del *profit* petrolero en la financiación de proyectos de adaptación y mitigación en países del sur global o las becas de estudio, entre otras acciones. Una práctica de emitir bonos verdes, basados en criterios éticos y transparentes, que demuestra un cambio en los valores de la banca, frente la crisis económica de 2008, con un nuevo modelo de gobernanza y con más información y control sobre los diferentes productos.

Cada uno de nosotros tiene la posibilidad de medir el impacto que tenemos en el medio ambiente y es mediante la huella de carbono, que representa el volumen total de gases de efecto invernadero que producen las actividades económicas y cotidianas del ser humano. La huella de carbono personal es originada por un individuo en su vida cotidiana al desplazarse, consumir, alimentarse y utilizar recursos como la energía.

Las empresas producen huella de carbono en los procesos de fabricación, transporte, consumo eléctrico, entre otros. La huella de carbono también está presente en los productos, los bienes y los servicios de consumo que emiten gases de efecto invernadero antes, durante y al fin de su vida útil.

Medir la huella de carbono individual o de algún producto es el primer paso para tomar conciencia ambiental. Es hora de reducir el consumo de recursos y energía, para bajar la huella de carbono. Este es un claro ejemplo de responsabilidad con el medioambiente.

La justicia en sí misma es controversial, compleja y multidimensional, puesto que en el contexto de la acción climática surgen diferentes concepciones de justicia. Se concentran básicamente en todas aquellas áreas desde las que existe la capacidad de *agenciar cambios* para contribuir a la salvación de la especie humana y la vida sobre la tierra: justicia climática, ecológica o ambiental, reparatoria, intergeneracional, internacional, etc.

Por *justicia climática* se entienden todas aquellas acciones de los grupos, pueblos y comunidades vulnerables, organizaciones gubernamentales y no gubernamentales, jóvenes, sectores sociales, entre otros. El concepto reconoce que el binarismo norte-sur, la acumulación por desposesión y la configuración del sistema-mundo moderno son factores determinantes en el crecimiento exponencial de la crisis, la cual beneficia preponderantemente a los países más ricos, mientras que perjudica desproporcionadamente a las personas más pobres y a los países en desarrollo de todo el mundo, creando de esta manera mayores desigualdades.

Ahora bien, si hablásemos sobre *justicia ecológica* nos adentraríamos en terrenos aún más complejos, puesto que no existe una sola conceptualización del término. Por un lado, se dice que la *justicia ambiental* es un apéndice del derecho antropocéntrico, siendo que los asuntos ambientales se toman bajo el marco del derecho administrativo en algunos casos, y su búsqueda es la del derecho humano a un medioambiente sano y justamente distribuido.

Por el otro lado, se conoce que la justicia ecológica engloba la defensa de la naturaleza como *sujeto de derecho* y vela por sus intereses más allá del antropocentrismo jurídico, es decir, se habla de la naturaleza como sujeto de derecho, posición que le permite adentrarse dentro del paraguas jurídico que representa la constitución.

Sobe este mismo debate, el grupo Stop Ecocide, junto a un panel de grandes abogados, fuerzas sociales y políticas, ha sido reconocido en todo el mundo por persuadir a la Corte Penal Internacional (ICC, por sus siglas en inglés) la categorización del ecocidio como el quinto delito tipificado dentro del Estatuto de Roma.

De manera entrelazada, tanto la justicia climática, ecológica y ambiental se producen gracias a un elemento primordial de la acción climática: la educación ambiental, la cual busca generar procesos para la construcción de deberes, valores y prácticas ambientales en espacios de la educación formal, no formal e informal, con el objetivo de promover la conciencia ecológica y el cuidado del ambiente.

Estamos viendo una de las mayores demandas de la acción colectiva de la humanidad, una demanda por la vida, por el planeta, una demanda por el mejor futuro posible, donde hay que dejar muy claro que no puede haber justicia social sin justicia de género, justicia cognitiva y justicia ecológica.

El rol protagónico de la juventud en la crisis ecológica

Estamos presenciando el poder contingente de la juventud como agente de cambio ético, social, político y cultural. Es una de las más grandes improntas de nuestros tiempos y espacios, toda vez que es el ejemplo más claro de acción en todos los sentidos, pero principalmente en lo que respecta a la crisis climática planetaria y sus consecuencias.

La juventud no solo es un determinado grupo etáreo, ni un simple sector social, sino más bien un conjunto-de-conjuntos que se entretejen, se enhebran y se entrelazan de manera armónica, se compone de todas aquellas voluntades que se asumen desde la voz-acción común por vindicar y proteger la vida.

Los que hoy llamamos *viejos* fueron, son y serán jóvenes, puesto que la juventud no es un número, es un modo de asumir la vida desde la renovación y el cambio. La vida es siempre joven, puesto que siempre está en constante cambio y renovación, no se estanca, fluye, nunca es la misma dos veces. La juventud es, pues, el estado perenne de reinvención dinámica de la existencia, el mismo que es puesto en práctica de forma transeccional e intergeneracional.

Desde Tiquipaya hasta Copenhague hemos visto cómo la antorcha de la juventud ha logrado catalizar grandes cambios en las estructuras de poder mundial y en todas las escalas: la creación de YOUNGO como organismo constituido dentro de la UNFCCC, la avanzada de activistas climáticos en todas las regiones del mundo (especialmente las zonas del Sur-Global, las MAPA y grupos vulnerables), la adopción de medidas para refrenar los efectos de la crisis ecológica desde enfoques de no mercados y responsabilidades comunes pero diferenciadas, así como otros tantos en materia de reconocimiento, inclusión y participación, como la ratificación y firma del Acuerdo de Escazú, el fomento a la inclusión de los jóvenes en las discusiones multilaterales ambientales de alto nivel, patrocinio de becas para formación en todos los niveles, acuerdos de hermanamiento entre países aliados o estratégicos, leyes de nivel marco u orgánicas, acciones desde los pueblos en el territorio con grandes campañas de impacto... Así entre muchos otros.

En los últimos años esto se ha considerado como el *statu quo* del activismo juvenil en cuestiones ambientales; sin embargo, cabe destacar que paralelamente han surgido nuevos liderazgos a nivel local, nacional y regional.

La juventud tiene el deber de concientizar a la población en general sobre las consecuencias de las acciones que atentan contra de la vida y la naturaleza, pero también tiene el derecho a hacer que la justicia sea imparcial y las leyes sean aplicadas.

Este trabajo se ha podido ir logrando a través de alianzas estratégicas entre sectores de la sociedad civil, los Gobiernos, las organizaciones comunitarias, los pueblos originarios y las demás voluntades sumadas a proyectos de transformación social endémica. En este aspecto juega un papel clave el ODS17, alianzas para conseguir los objetivos.

La equidad climática y la justicia ecológica son dos ejes transversales en las demandas de las juventudes, preponderantemente del sur-global, como espacio de transformaciones sociales a gran escala desde el siglo XIX en adelante. Estos elementos son importantes de reconocer en términos de los objetivos que alcanzar, siendo que en el caso de los jóvenes se materializan en las demandas que son dirigidas a los representantes del poder del Estado a hacer respetar los derechos de los pueblos a mejorar las condiciones de vida, al desarrollo sostenible en igualdad de condiciones, al cumplimiento de las obligaciones contraídas por responsabilidad diferenciada, a la protección de las y los activistas, a la promoción de una consciencia intercultural a través de los medios de educación, información y difusión, etc.

El ecosistema planetario está sufriendo catástrofes climáticas jamás antes vistas. Hemos estado presenciando una cantidad inimaginable de sucesos climatológicos en todo el planeta, desde China, Japón e India, hasta Italia, Bélgica, Filipinas, EE. UU., Canadá, etc. Todo ello ocurre como compensación al exceso de gases de efecto invernadero (GEI) emitidos a la atmósfera, producto de la exacerbación del modelo civilizatorio occidental de desarrollo y su patrón desmesurado de consumo. Ya no hay más tiempo para prolongar la acción climática, es necesario actuar desde las bases, las juventudes, los grupos vulnerables, entre otros actores vinculados.

Alineado con todo lo definido en párrafos anteriores, hemos entendido que la juventud somos agentes de cambio, que a través de la historia y el tiempo nos hemos abrogado la responsabilidad de ser quienes impulsan los procesos de transformación a partir de la participación protagónica en todos los espacios. Esto quiere decir que no puede haber una transformación social ni un cambio de modelo civilizatorio si no existe una transformación de la consciencia humana. Todo ello nos invita a reflexionar sobre relaciones y prácticas sociales que no son compatibles con el futuro que deseamos. Siendo así, comprendemos el valor que tienen las artes, la cultura y la educación en la construcción de una nueva forma de ver el mundo desde la racionalidad.

Una de las acciones que se podrían estar gestando desde la juventud es la creación de campañas de concienciación, investigación y socialización: comunicar desde la música, la poesía, el rap, la pintura, el teatro, la dramaturgia, etc., es decir, utilizar la cultura para lograr elevar la consciencia ambiental de próximas generaciones.

Para lograr la transformación del pensamiento debemos sentirnos parte de la naturaleza y romper todos los esquemas tradicionales: debemos crear nuevos métodos de enseñanza, aulas abiertas e interactivas; refundar el pénsum educativo para transversalizar la consciencia ecológica en todos los niveles, desde maternal hasta postdoctorado, sensibilizar y concientizar a partir de la cultura de la sustentabilidad mediante el uso obligatorio de elementos netamente reciclables, la puesta en práctica de la agrosilvicultura en los planteles educativos, creación artística para el desarrollo de la consciencia, enaltecimiento de valores culturales autóctonos que estén apegados al respeto por nuestro hogar común.

Como conclusión a este capítulo, reforzamos nuestra idea de que los jóvenes son un sector de la población que representa los valores emergentes de la sociedad del siglo XXI, a los cuales hemos de tener muy presentes en todas las decisiones en materia de cambio y de crisis climática.

La emergencia climática, un desafío para los Estados y los gobiernos locales

Los Estados-nación tienen la obligación de mitigar los efectos nocivos del cambio climático tomando las medidas más ambiciosas posibles para evitar o reducir las emisiones de gases de efecto invernadero en el plazo más breve posible.

Aunque los Estados más ricos, es decir, los más contaminantes, deben abrir camino tanto en el ámbito nacional como mediante la cooperación internacional, todos los países deben tomar todas las medidas razonables para reducir las emisiones hasta el máximo de sus capacidades.

Además de la mitigación, tienen la responsabilidad histórica y política de promulgar la adopción de contramedidas necesarias para ayudar a quienes están dentro o fuera de su jurisdicción a adaptarse a los efectos previsibles e inevitables del cambio climático, para que se hagan sentir lo menos posible en sus derechos humanos básicos. Deben hacerlo sean o no responsables de dichos efectos, ya que tienen la obligación de proteger a las personas de perjuicios causados por terceros.

No obstante, los compromisos actuales formulados por los Gobiernos para mitigar el cambio climático son absolutamente insuficientes, ya que tendrían como resultado un catastrófico aumento de 3 °C en la temperatura media mundial sobre el nivel preindustrial antes de 2100. En Francia, Países Bajos y Suiza, entre otros países, la ciudadanía está demandando a sus Gobiernos por su inacción a la hora de establecer objetivos y medidas de mitigación del cambio climático suficientes.

En el caso de Latinoamérica y El Caribe, cada vez más, se experimentan grandes eventos climatológicos que sobrepasan la capacidad de respuesta (adaptación) de los Estados, cuando la misma coyuntura epidemiológica de la covid-19 ya había golpeado fuertemente los sistemas de emergencia y alerta de cada uno de ellos.

Ya hemos hablado sobre los Estados-nación. Ahora bien, ¿qué rol juegan las empresas públicas y privadas en la lucha contra el aumento de la temperatura global? Pues las empresas también tienen la responsabilidad de generar acciones contra el cambio climático, así como deben respetar los derechos humanos. Para cumplir con estas obligaciones deben evaluar los posibles efectos de sus actividades en los derechos humanos y adoptar medidas para evitar las repercusiones negativas que puedan afectar directa o indirectamente a la naturaleza y sus ecosistemas. Deben publicar sus conclusiones y sus medidas de prevención sin restricciones.

Las empresas transnacionales, especialmente las del sector de los combustibles fósiles, también deben adoptar medidas para minimizar las emisiones de gases de efecto invernadero de forma inmediata —lo que incluye un cambio de negocio a las energías renovables— y hacer pública la información pertinente sobre sus emisiones y sus medidas de mitigación. Estos esfuerzos se deben extender a todas sus subsidiarias, filiales y entidades de su cadena de suministro.

Las empresas del sector de los combustibles fósiles han figurado históricamente entre las más responsables del cambio climático, situación que se mantiene en la actualidad. La investigación demuestra que tan solo cien empresas productoras de combustibles fósiles son responsables del 71 % de las emisiones de gases de efecto invernadero desde 1988.

Hay cada vez más pruebas de que las principales empresas del sector de los combustibles fósiles conocen desde hace décadas los efectos nocivos de quemar estos combustibles, impulsando varias acciones en materia de mitigar los efectos del cambio climático.

En el tránsito del siglo xx al xxi la problemática ambiental mundial ha reposado no solo en los esfuerzos de empresas e instituciones privadas por subvertir los efectos de la crisis, sino predominantemente en los Estados nacionales como sujetos de derecho internacional, como garantes de soberanía y hacedores de leyes que, últimamente, tienen el propósito de velar por la protección de la vida en todas sus formas. Además de las políticas públicas y de las políticas exteriores de cada uno de estos, los Estados deben velar por el derecho a un ambiente sano, por el derecho al desarrollo, a la igualdad soberana.

Han sido muchas las denuncias de los pueblos del mundo hacia quienes detentan el poder y sus hacedores de leyes al respecto de la crisis climática. Algunos Estados en el mundo suelen valerse de sus privilegios económicos para desviar la atención del pueblo sobre las responsabilidades y compromisos en el marco de la defensa del territorio y el ambiente, una suerte de *greenwashing* que termina socavando la soberanía ambiental de los pueblos, sometiéndolos a inconmensurables infortunios y desgracias provocadas por la negligencia sociopolítica de algunos gobernantes. Podríamos, en este caso particular, colocar como ejemplo la actuación de países como EE. UU. y Canadá, respectivamente.

En Canadá, Justin Trudeau, primer ministro de la referida nación, autorizó actividades exploratorias para la construcción de gasoductos y oleoductos de más de 600 kilómetros en una extensión de aproximadamente 20 000 kilómetros cuadrados en Wet'suwet'en, una nación de pueblos originarios indígenas de lo que ahora se conoce como British Columbia. Este proyecto con retornos multimillonarios representó no solo el ultraje a una tierra sagrada y su cosmovisión, sino el menoscabo de su calidad de vida y su cosificación como propiedad estatal, a pesar de que su estatus fue claramente establecido en la constitución canadiense de 1982. A pesar de lo anterior, la nación cuenta con una gran popularidad mediática al respecto del tema ambiental, principalmente por su papel preponderante en reuniones de alto calibre político como son las del G7, G20, el Consejo del Ártico, entre otras. Según un artículo publicado por Maham Abedi (2019) en Global News, se dice:

> [...] *justo después de las elecciones federales de 2015, Justin Trudeau afirmó que Canadá había vuelto a la escena mundial como líder en materia de cambio climático. Sin embargo, años después, los expertos afirman que Canadá no está haciendo lo suficiente. Los estudios sobre el tema, y los defensores del clima, sugieren que Canadá tiene un largo camino por recorrer en términos de frenar sus emisiones. Un informe de abril de 2019 sobre las emisiones mostró que en Canadá se produjeron 716 millones de toneladas de gases de efecto invernadero en 2017, un aumento de ocho millones de toneladas respecto a 2016.*
>
> Abedí, Maham, 2019.

El caso de EE. UU. es aún más controversial. El expresidente Donald Trump llegó a extremos como el de negar la existencia del cambio climático y, aún más extremo, retirar a Estados Unidos del Acuerdo de París, aunado a los millones de concesiones otorgadas a las petroleras nacionales, pago de deudas de las empresas privadas, excepciones tributarias, así como otras políticas para "proyectar la economía americana" por encima de los niveles de producción del fordismo.

Durante su mandato, se derogaron más de cien leyes ambientales, lo que contribuyó al aumento de las emisiones mundiales que provienen del petróleo y los hidrocarburos.

Como hemos visto, los Estados con mayores responsabilidades ambientales y climáticas son quienes continúan contribuyendo activamente con la degradación de la naturaleza, mientras que los Estados más desaventajados, con menores capacidades de respuesta para la adaptación y la mitigación, son quienes más sufren las consecuencias de la conducta depredadora del sistema capitalista.

A pesar de ello, existen ejemplos formidables de lucha en el Sur Global, como son los casos de Bolivia y Ecuador. Estos países se distinguen del resto en cuanto al tratamiento de la problemática ambiental, puesto que parten desde una "nueva racionalidad ambiental, es decir, al conjunto de las pautas o prácticas propias y específicas que construidas en diferentes partes del mundo que aportan miradas y respuestas diferentes a la crisis climática global", basada en el *sumak kawsay* o buen vivir.

Este paradigma civilizatorio es un canal desde el cual los pueblos, movimientos sociales, Gobiernos y Estados generan acciones sinérgicas en defensa de sus territorios, prácticas y cosmovisiones, colocando como prioridad la defensa de la Pachamama o Madre Tierra. Esto se ha logrado a través de su incorporación constitucional como "sujeto de derecho", lo cual ha permitido avanzar en el reconocimiento de delitos ambientales no antropocéntricos.

Un claro ejemplo de ello es la tipificación de la ICC sobre el ecocidio como el quinto crimen del Estatuto de Roma, gracias a la campaña del movimiento Stop Ecocide y sus aliados.

Quizá decir que la diplomacia ambiental multilateral representa la totalidad de estos esfuerzos es un poco atrevido. Lo cierto es que existe una suerte de sinergia acompasada entre las diferentes aristas que componen a la sociedad, léase oenegés, organizaciones comunitarias autónomas (comunas, cumbes, sindicatos vecinales, tribunales populares), partidos políticos, movimientos sociales, entre otros; siempre desde una visión transgeneracional e interseccional, pues se sobreentiende que los efectos del cambio climático, tal y como ha dicho la ONU, se experimentan de manera desigual en todo el mundo.

Los países del mundo han venido trabajando en una serie de convenios y acuerdos de nivel multilateral para poder enfrentarse a la crisis climática. El organismo responsable de ello es la Convención Marco de Naciones Unidas sobre Cambio Climático, una de las tres grandes convenciones que se desprenden de la denominada Cumbre de la Tierra en la ciudad de Río de Janeiro en 1992. Como tal, esta convención-marco tiene la función de lograr acuerdos fructíferos entre los países para poder hacer frente al cambio climático. Para ello, se han creado una serie de instrumentos jurídicos internacionales para asumir la crisis desde una serie de principios claros: el Protocolo de Kyoto (1994) y el Acuerdo de París (2015). Actualmente, después de la COP26 en Glasgow, se logró que los países más contaminantes del mundo llegasen a un pacto para lograr disminuir la mayor cantidad de emisiones de CO_2 e impedir el aumento de la temperatura global a más de 1,5 °C por encima de los niveles preindustriales.

Otro aspecto para destacar en la lucha contra la crisis ecológica es la importancia de la Agenda 2030 y la transversalidad que tiene el tema climático en ella, el cual está presente en varios objetivos y metas.

Los Estados o partes comparten responsabilidades comunes pero diferenciadas, lo cual indica que las consecuencias al respecto de la crisis climática son experimentadas de forma asimétrica entre naciones del Norte Global y el Sur Global.

Al respecto se ha venido teorizando que una fuerza política global lo suficientemente grande podrá hacer frente a la crisis, mientras que, por otro lado, se cree que la solución reside en las estrategias climáticas a largo plazo de cada país, ya que dicha planificación permite organizar el Estado en aras de cumplir sus objetivos específicos tanto en materia de adaptación como de mitigación. Por ello los Estados-nación deben seguir siendo los pilares para construir un orden mundial estable y responsable en cuanto al clima. La paz y la estabilidad no se conseguirán sin Estados, sino con ellos. Esta sinergia se ve representada en la gobernanza local, ya que, según UNICEF (2020), la gobernanza local climática es multinivel, involucra a un grupo diverso de gobiernos nacionales y locales, organismos internacionales, sector privado, oenegés y otros actores sociales, con el propósito de promover oportunidades y generar respuestas concretas y palpables ante el cambio climático. Además, al ser un tema que trastoca cada aspecto de nuestras vidas, también se refleja en áreas como la seguridad nacional, la soberanía, la política exterior, la cooperación bilateral-multilateral, entre otros.

Las acciones de los Estados nacionales frente al cambio climático también se enmarcan en los derechos humanos básicos y fundamentales, siendo el derecho a un medio ambiente sano el que más importancia ha cobrado en los últimos años debido al deterioro de la calidad de vida de los grupos humanos, especialmente los grupos vulnerables tanto en el norte como en el sur.

El cambio climático representa una amenaza para la seguridad de miles de millones de personas en el planeta. Las manifestaciones más evidentes son los fenómenos meteorológicos extremos, como las tormentas, las inundaciones y los incendios forestales. En Filipinas, el tifón Yolanda se cobró la vida de casi diez mil personas en 2013. Los golpes de calor están entre los efectos más mortíferos.

La ola de calor de Europa de 2003 se cobró la vida de 35000 personas. No obstante, hay muchas otras formas menos visibles en las que el cambio climático pone en peligro la vida. La Organización Mundial de la Salud (2021) prevé que el cambio climático provoque 250000 muertes al año entre 2030 y 2050 por malaria, malnutrición, diarrea y golpes de calor.

De acuerdo con el informe AR6 del IPCC (2022), entre los principales efectos del cambio climático en la salud figurarán un aumento del riesgo de lesiones, enfermedades y muertes por golpes de calor e incendios más intensos; un mayor riesgo de desnutrición a consecuencia de la disminución de la producción de alimentos en las regiones pobres, y un mayor riesgo de contraer enfermedades transmitidas por los alimentos y el agua, y transmitidas por vectores. Los menores expuestos a episodios traumáticos, como catástrofes naturales agravadas por el cambio climático, pueden sufrir trastorno de estrés postraumático. El impacto del cambio climático en la salud exige una respuesta urgente; de lo contrario, el calentamiento amenaza con comprometer los sistemas de salud y los objetivos básicos de salud mundial.

Los fenómenos meteorológicos extremos, como las inundaciones y los incendios, ya están destruyendo viviendas y obligando a muchas personas a desplazarse. Las sequías, la erosión y las inundaciones también pueden modificar el medio ambiente con el tiempo, mientras que la elevación del nivel del mar amenaza los hogares de los millones de personas de todo el mundo que viven en territorios a escasa altitud, afectando a las infraestructuras de abastecimiento de agua y de saneamiento, y dejando tras su paso tras ellos aguas contaminadas, contribuyendo de este modo a la propagación de enfermedades transmitidas por el agua. Los sistemas de alcantarillado, especialmente en las zonas urbanas, también se verán afectados por el cambio climático.

La sociedad civil y los grupos de interés frente al cambio climático: buenas prácticas en sostenibilidad

En este capítulo, queremos destacar y poner en valor las buenas prácticas que tanto las Administraciones públicas como las empresas privadas impulsan en materia de sostenibilidad. Todo un proceso que forma parte del análisis de las demandas y necesidades de los diferentes grupos de interés, que a través de un diálogo permanente impulsan nuevos proyectos y estrategias orientadas a mejorar el planeta, las oportunidades y el progreso de sus habitantes.

Otra de las líneas estratégicas que cada día impulsan las empresas y entidades es conocer y definir el ecosistema en el que interactúa la organización, donde se debe estar muy atento a la evolución de los cambios tecnológicos, sostenibles, la generación de nuevas megatendencias, la evolución de la Industria 4.0, la conectividad, los retos en los nuevos modelos de movilidad, etc.

Las reflexiones ordenadas e inteligentes sobre la afección de las últimas preferencias en gestión empresarial y pública es lo que hace llevar a las empresas y organizaciones a anticiparse a tomar nuevas decisiones basadas en la sostenibilidad y en establecer nuevas decisiones estratégicas orientadas al largo plazo, siempre teniendo en cuenta la continuidad del proyecto empresarial, porque de ello depende el éxito o el fracaso de dicha empresa.

Una de las mejores buenas prácticas en materia de sostenibilidad y de mitigar los efectos del cambio climático es el reporte de la información no financiera, a través de la Memoria Anual de Sostenibilidad y, concretamente, impulsando la triple cuenta de resultados, que recoge tres criterios claves: económico, social y ambiental. Una memoria basada en principios de ética y transparencia alineados con el ODS16: Paz, justicia e instituciones sólidas, donde la gran mayoría de las empresas e instituciones deciden hacerla pública para que los grupos de interés conozcan sus acciones y permita un claro ejemplo de posicionamiento y liderazgo en materia de sostenibilidad y de compromiso por parte de la gobernanza de la empresa.

Otra de las buenas prácticas impulsadas por las empresas e instituciones es la formación, proyección y retención del talento, es decir, de sus personas, porque estas son claves para poder contribuir a desarrollar dentro de la empresa-organización todas las acciones en materia de sostenibilidad y alineadas con los objetivos estratégicos de la organización, porque en el siglo XXI el talento es uno de los principales valores del activo empresarial.

En este capítulo, los autores queremos destacar un nuevo actor en el ámbito de defensa de los valores sostenibles como es la sociedad civil, que, a través de sus acciones, programas e iniciativas, impulsan un modelo económico y social que tenga como principal valor la sostenibilidad, la participación ciudadana y el encuentro, todo un grupo de interés que genera un liderazgo activista, pero que desde el ámbito empresarial y público hay que concebir como otro actor que suma a uno de los principales retos que afrontamos como sociedad, que es la destrucción del planeta.

Debemos destacar el papel de los jóvenes, principalmente en las diversas conclusiones y propuestas de los encuentros anuales de las COP para analizar las consecuencias del cambio climático y lanzar nuevas iniciativas. Desde estas páginas, los autores queremos destacar y dar su valor al gran papel de los jóvenes en materia de lucha contra el cambio clmático, con un claro compromiso y vocación de entendimiento, diálogo y de afrontar conjuntamente ese reto mundial. Ellos, por su inteligencia, generación y formación, pueden aportar mucho de manera positiva y creativa.

La sociedad civil juega un papel estratégico por varios aspectos, principalmente por su liderazgo en materia de sostenibilidad y de mejorar las oportunidades de las personas, por su presencia en muchos foros y donde pueden aportar grandes ideas. Pero lo que queremos destacar es el papel de generar alianzas mediante la colaboración público-privada, todo un ejemplo de impulso del ODS17: Alianzas para lograr los objetivos.

Pero no solamente la sociedad civil puede trabajar de manera conjunta con las empresas, lo puede hacer desde un campo clave, como son las ciudades, toda una oportunidad para generar un diálogo y oportunidades a través de lo público, desde lo más próximo, porque en ellas la opinión y la participación ciudadana de los diferentes actores y asociaciones es fundamental para mejorar, por ejemplo, aspectos como la salud ambiental o la movilidad urbana, buenas prácticas como la Agenda 2030 Local, todo un ejemplo de impulso de este proyecto común y de mejora de la calidad de vida de sus vecinos.

Para finalizar este bloque del presente capítulo, los autores queremos destacar la alineación de las personas que forman la denominada sociedad civil, con el concepto propósito, donde es importante destacar que, para un ser humano, es muy importante tener claro un propósito de vida. Son muchas las personas cuyo propósito de vida, desde muchos ámbitos de la sociedad, es ayudar a los demás.

Es muy loable destacar la gran labor de muchas personas que dedican su tiempo libre a trabajar en el ámbito asociativo a través del voluntariado, las que destinan muchas horas familiares a colaborar con asociaciones sociales, culturales, deportivas o educativas. Ese es un ejemplo claro de impulso de la sociedad civil a través del voluntariado altruista, generando mejores oportunidades a otras personas, un propósito de vida que compartimos plenamente. Desde estas páginas, todo nuestro respeto, homenaje y apoyo.

En la segunda parte del presente capítulo, nos centraremos en ejemplos de buenas prácticas en materia de sostenibilidad, la gran mayoría impulsadas por grandes empresas, pero que pueden servir de ejemplo tractor para que las pequeñas y medianas empresas las puedan implementar en sus estrategias y resultados compartidos, porque es una demanda de los grupos de interés, donde ninguna entidad puede descolgarse, porque de lo contrario, dentro de unos años, dejaría de tener viabilidad como proyecto empresarial basado en valores económicos, sociales y ambientales; en definitiva, sería descolgarse de la tendencia hacía un modelo de negocio sostenible.

Uno de los sectores donde más complicado es el impulso de las energías verdes y renovables es el ámbito de la aviación, en el que ya se están poniendo en marcha proyectos que incorporan biocombustibles con el objetivo de reducir las emisiones en materia de CO_2, porque la incorporación de estos modelos energéticos es clave para la innovación del sector. En España, la compañía IBERIA está impulsando junto con la petrolífera REPSOL nuevos planes para la incorporación de combustibles alternativos, todo un ejemplo de impulso en innovación sostenible de la industria española.

Todo ello con un único objetivo: la descarbonización del sector aéreo. Se ha establecido como objetivo estratégico llegar a 2050 siendo neutra en emisiones, para generar aviones más eficientes. (Fuente: *Expansión,* del jueves, 12 de junio de 2022)

Otra buena práctica en materia de cambio climático es el nuevo concepto de fianzas verdes y sostenibles, todo alineado con la nueva legislación europea basada en la taxonomía verde, todo ello ligado a la emisión de *bonos verdes,* donde nuevos valores como la sostenibilidad, la ética y la transparencia son claves. Todo un reto de la banca tras la crisis de 2008, cuando acciones poco responsables y menos éticas pusieron de manifiesto malas praxis en el ámbito de la financiación, aspecto que produjo grandes descalabros económicos, muchos de ellos en familias ahorradoras.

Una nueva forma de financiación, alineada con el ODS16: Paz, justicia e instituciones sólidas, orientadas a la financiación de inversiones verdes y sostenibles, encaminadas a mejorar la reducción de las emisiones y, sobre todo, a impulsar modelos de negocio más sostenibles y éticos, con un claro objetivo, conseguir los acuerdos de París y los objetivos de la Agenda 2030.

Esta buena práctica en materia de *bonos verdes* pone de manifiesto que todos los sectores económicos están involucrados en la mitigación del cambio climático y que sus estrategias de negocio están basadas en conseguir los objetivos de reducción de emisiones y conseguir un planeta neutro. Para el cumplimiento de estas buenas prácticas, reiteramos una vez más, es clave el papel de los CEOS de las diferentes empresas, en esto caso del sector financiero. Para ello es fundamental impulsar en sus estrategias los criterios ASG (ambientales, sociales y de gobernanza).

Otro de los aspectos importantes que recoge esta obra es la importancia del impulso de la economía circular, el paso de un modelo económico lineal, totalmente obsoleto, donde los recursos no son ilimitados y requieren de varios aspectos relacionados con la valorización, el ecodiseño y la reutilización. En este apartado podemos incluir varias prácticas, impulsadas tanto del ámbito público como el privado.

Una buena práctica impulsada desde la Administración pública es la estrategia aragonesa de economía circular, que tiene como principal objetivo generar en la comunidad autónoma aragonesa un sector estratégico emergente basado en empresas que llevan a cabo actividades de economía circular. Para ello, ha puesto en marcha diversas iniciativas, en materia de formación, financiación, ayudas de I+D y la más interesante como la convocatoria del sello *Aragón Circular,* orientado a empresas y administraciones locales.

Siguiendo con las buenas prácticas en materia de economía circular, desde el ámbito empresarial es clave destacar:

- Proyectos de digitalización orientados a conseguir una economía circular.
- Mobiliario urbano construido con residuos.
- Impulso de la economía circular en el mercado textil para dar a las prendas una segunda vida, generando diseños más sostenibles.
- Reutilización en equipos informáticos.
- Transformación de la paja de arroz en gas renovable.

Los fondos EU Next Generation son toda una oportunidad para generar nuevos proyectos empresariales que generen un nuevo modelo económico, más verde, digital y social, tal y como establecen las políticas del Pacto Verde Europeo, principalmente lo que establece el PERTE de Economía Circular. Está dotado de 492 millones de euros y, lo más importante, genera empleo de calidad (en Europa está previsto que genere 700 000 puestos de trabajo).

Desde estas páginas animamos a los lectores a que impulsen buenas prácticas que mejoren la calidad del planeta, y que lo lleven a cabo tanto desde el ámbito personal como desde el profesional. Todo un reto que tenemos por delante como sociedad.

El papel de las pymes frente al cambio climático

Tal y como se viene detallando en esta obra, nos enfrentamos a serios desafíos por las consecuencias de una economía globalizada donde los recursos son limitados y asistimos a un alto crecimiento del consumo, motivado por los nuevos modelos de compra a través del comercio electrónico.

Esta situación global de cambio climático debe hacernos reflexionar sobre cómo afrontamos estos nuevos cambios. Muchos de ellos nos hacen vulnerables, como se ha visto en la pandemia de la covid-19, situación que pone de manifiesto que la naturaleza se vuelve contra el hombre.

En opinión de los autores de este libro, es necesario cambiar los actuales modelos económicos y de crecimiento, con una clara orientación hacía la sostenibilidad, los valores de la Agenda 2030 y de los Acuerdos de París, donde el diálogo entre los Gobiernos y los grandes actores globales, debe de ser más fluido y, sobre todo, unos diálogos que generen una mayor confianza, compromiso a través de resultados visibles.

Cada vez más, volvemos a lo micro, a lo más próximo, a lo cercano, por eso los valores de emprender deben estar muy cerca del territorio, escuchando las demandas de los *stakeholders,* ese es el verdadero concepto de la responsabilidad social del siglo xxi, una RSC alineada con los objetivos de desarrollo sostenible de Naciones Unidas.

Para impulsar ese nuevo modelo económico más sostenible, es necesario generar proyectos emprendedores basados en la innovación, toda una experiencia necesaria que aporta mucho a la sociedad, en primer lugar, porque existe un liderazgo clave en crear una empresa con el principal objetivo de fabricar o comercializar algún producto o prestar un servicio determinado. No es fácil emprender, y más en un país como España, donde el fracaso está mal visto. Todo lo contrario de lo que sucede en Estados Unidos, donde el fracaso empresarial está asociado al éxito y al reconocimiento. Emprender es fruto del ánimo, la ilusión, el trabajo y la constancia, pero también de entender el ecosistema en el que actuamos.

El fomento del emprendimiento es clave para conseguir los objetivos de la economía, como son la creación de empleo y el desarrollo del territorio. Para ello, en una economía globalizada, aspectos como la transformación digital, el cambio climático y los objetivos sostenibles son fundamentales para el éxito del proyecto empresarial.

Es hora de redefinir o diseñar un nuevo propósito más orientado a los valores y la cultura de la organización, recogiendo las demandas y necesidades de los diferentes grupos de interés, muchas de ellas orientadas al cambio climático, porque es una de las políticas y acciones que más preocupan a la sociedad actual.

Para afrontar estos retos derivados del cambio climático, las empresas, y especialmente las pymes, han de implantar unos liderazgos basados en integrar la sostenibilidad en el ADN de la empresa, apostando por nuevos modelos de producción, más sostenibles y que generen menores afecciones al entorno. Todos estos cambios requieren de un nuevo modelo de cultura dentro de la organización, más orientada hacia un crecimiento más sostenible y digital, contando con las personas que la han de implementar. Por eso es tan importante impulsar liderazgos humildes y que escuchen constantemente.

Valores de la Agenda 2030 como son los ODS12: Producción y consumos responsables y el ODS13: Acción por el clima, son muy importantes que formen parte de la estrategia de la empresa a medio y largo plazo, siempre desde un claro impulso hacía una economía más circular.

Muchas de estas empresas mantienen un compromiso por mitigar los efectos del cambio climático, impulsando proyectos innovadores de energías renovables, por ejemplo, la instalación en sus naves industriales de placas solares para generar energía favoreciendo el autoconsumo, reduciendo las emisiones en materia de CO_2.

Otras, en cambio, apuestan por la economía circular, implantada en toda su cadena de valor, desde el diseño hasta el fin de vida útil del producto, criterios de circularidad muchos de ellos que impulsan la I+D+i, elementos de innovación y talento alineados con la estrategia organizacional.

Hay que tener en cuenta que la economía circular basa sus criterios en que los recursos son limitados y que las extracciones de las materias primas tienen su fin. Por eso son importantes estos criterios de sostenibilidad frente al cambio climático.

Como venimos reiterando los autores, es necesario un nuevo liderazgo en el ámbito organizacional y cultural. Lo ha puesto de manifiesto la pandemia de la covid-19, durante la cual se demostró nuestra vulnerabilidad como personas y que tantas duras consecuencias sanitarias, económicas y sociales hemos vivido en estos años.

Liderazgos orientados a mitigar desde el ámbito de la empresa y especialmente desde las pymes el cambio climático, siendo necesaria una capacidad de adaptación, tanto en el diseño de los productos y servicios como en el control de las emisiones. Para ello, la referencia constante hacía un aprendizaje permanente es clave, recogiendo las diferentes metas del ODS4: Educación de calidad, en todo el proceso educativo, con mayor relevancia en el universitario.

Como vimos en la pasada Conferencia de las Naciones Unidas sobre el Cambio Climático (COP26) celebrada en Glasgow, son muchos los desafíos que nos quedan por afrontar en materia de cambio climático e intensificación de la acción por el clima, y, sobre todo, un mayor compromiso en el reconocimiento de la emergencia climática, siendo necesaria una mayor financiación para proyectos de innovación.

Las empresas y las pymes pueden hacer mucho más por conseguir estos objetivos de frenar las consecuencias del cambio climático, destacando que en la Unión Europea y en nuestro país existe una gran oportunidad de nuevos modelos económicos más sostenibles y eficientes en cuanto al clima con la oportunidad que se abre con los fondos EU Next Generation.

Uno de los nuevos conceptos de emprendimiento sostenibles y cerca del territorio, como aspecto clave para mitigar los efectos del cambio climático, es el emprendimiento social, orientado a poner en valor el papel del emprendedor, principalmente entre las mujeres y jóvenes, porque el emprendimiento femenino, alineado con la Meta 5.5 del ODS5: Igualdad de Género, donde establece: "Asegurar la participación plena y efectiva de las mujeres y la igualdad de oportunidades de liderazgo a todos los niveles decisorios en la vida política, económica y pública".

La economía social es un modelo clave para hacer frente al cambio climático, pues genera nuevos sistemas de emprendimiento y fuentes de empleo, tanto en las ciudades como en el ámbito más rural, creando mayores oportunidades a mujeres y jóvenes, impulsando proyectos empresariales, muchos de ellos basados en modelos de *startups,* y que tienen como objetivo el cuidado de nuestros mayores, la artesanía, la agroindustria, la digitalización, siempre generando oportunidades en el territorio a través de proyectos innovadores y sostenibles.

Queremos también poner de manifiesto el cambio generacional que muchas empresas están llevando a cabo, tanto a nivel de propiedad (empresa familiar) como de equipos directivos y de gestión, con cuadros más jóvenes, con unos valores basados en la sostenibilidad y con unos mayores compromisos por mitigar las consecuencias del cambio climático.

Todo este proceso de relevo generacional está alineado con el impulso de una nueva cultura en las organizaciones, basadas en los criterios de una Europa verde, digital, social y sostenible. En ella destacan unos valores basados en la formación continua, la igualdad, la flexibilidad y la conciliación, donde las personas deciden trabajar en estas empresas que comparten sus valores y cuyos clientes se ven reflejados en unos principios basados en la ética y la trasparencia, alineados con el ODS16: Paz, justicia e instituciones sólidas.

Un ejemplo de liderazgo en transparencia es el reporte por parte de las empresas mediante la memoria anual de sostenibilidad, alineadas con criterios de sostenibilidad, con los objetivos de la Agenda 2030, muchas de ellas comprometidas con la lucha contra el cambio climático reflejado en el establecimiento de objetivos como medir la huella del carbono o reportando a través de los resultados de implantación de placas solares para autoconsumo.

Para finalizar este capítulo, es importante destacar la importancia que tienen las empresas y principalmente las pymes en la lucha contra el cambio climático. Estas impulsan en sus estrategias y cultura empresarial objetivos medibles y cuantificables orientados a mitigar las consecuencias en las personas y en el planeta de los efectos del calentamiento global. Otro punto más que queremos resaltar son los criterios de transparencia reportando a través de informes de sostenibilidad y, sobre todo, compartiéndolos con los grupos de interés, quienes están totalmente concienciados en luchar contra las consecuencias derivadas de un consumo generalizado y sin valores sostenibles.

Agenda 2030, ODS y valores

En septiembre de 2015 se aprobó la Agenda 2030 por la gran mayoría de los Estados que constituyen la Organización de Naciones Unidas, una resolución basada en la Declaración Universal de los Derechos Humanos de Naciones Unidas, donde se establece un claro compromiso con el planeta por mejorar la prosperidad de las personas.

La Agenda 2030 está constituida por diecisiete objetivos de desarrollo sostenible, los conocidos por su abreviatura como ODS. Estos, a su vez, están detallados por 169 metas, que son las hojas de ruta de cada uno de los diferentes ODS, como líneas estratégicas de acción para poder conseguir los propósitos definidos en cada uno de ellos.

La Agenda 2030 no es una carta de intenciones, es algo más, es un compromiso basado en sus 17 ODS, los cuales están formados por grandes valores, más necesarios que nunca en los momentos que nos toca vivir, dentro de una economía globalizada y que requiere de manera urgente grandes cambios, muchos de ellos orientados a mitigar las graves consecuencias de los gases de efecto invernadero.

Así se refleja en el libro *Agenda 2030. El gran desafío del desarrollo sostenible,* escrito por uno de los autores de este libro y publicado por esta editorial. La Agenda 2030 debemos concebirla como una megatendencia en gestión empresarial y pública que aporta los siguientes compromisos a través de los diecisiete objetivos de desarrollo sostenible (ODS):

- Combatir las desigualdades.
- Construir sociedades pacíficas.
- Proteger los derechos humanos.
- Impulsar la paz duradera.
- Promocionar la igualdad de género.
- Garantizar la protección del planeta.

Pero si en algo destacan los valores de la Agenda 2030 es en afrontar las graves consecuencias de la actual crisis climática, fruto de la mano del hombre y de un consumo desproporcionado, cuando pensábamos que los recursos del planeta eran ilimitados principalmente por la vulnerabilidad tras la crisis sanitaria y económica producida por la pandemia de la covid-19, durante la cual los diferentes grupos de interés han adoptado un mayor compromiso por la sostenibilidad y por aportar soluciones conjuntas.

Cabe destacar que, en estos momentos, es muy necesario invertir más recursos económicos y personales para conseguir que los objetivos de la Agenda 2030 en todo el mundo sean una realidad.

Ese compromiso está recogido en diversos ODS, principalmente en el ODS13: Acción por el clima, con el principal empeño de conseguir un planteamiento mejor para esta y futuras generaciones, siempre desde la prosperidad de las personas y las alianzas, es decir, desde la colaboración público-privada, más en momentos donde el Pacto Verde Europeo a través de los fondos de recuperación impulsa una cultura de sostenibilidad y de digitalización en todos los ámbitos, siendo clave en este punto el liderazgo de las pequeñas y medianas empresas.

Recientemente, estamos viviendo fenómenos meteorológicos adversos como olas de calor, gotas frías, inundaciones, lluvias torrenciales, cambios de temperaturas en los océanos, calentamiento de los glaciales, graves incendios forestales. Todos estos aspectos nos deben hacer reflexionar con responsabilidad y con altura de miras, porque entre todos es el momento de comprometernos y de tomar decisiones globales y eficaces para mitigar los efectos del calentamiento global.

Para ello, es necesario alinear cuatro aspectos claves, como es el propósito, los valores, la cultura y por supuesto la Agenda 2030, siempre impulsando los 17 ODS y las 169 metas que componen la Agenda 2030, aspectos fundamentales para erradicar la crisis climática, que, a su vez, se convierte en una crisis de valores, económica y social, con graves e irreparables consecuencias para la humanidad.

Para conseguirlo, son claves aspectos como la educación de calidad (ODS5) y las alianzas para conseguir los objetivos (ODS17), para mitigar el calentamiento global, a través de la suma de los diversos actores, de los diferentes grupos de interés, generando entre todos un nuevo impulso hacía los ODS, siempre desde un nuevo modelo innovador de gobernanza basado en la ética y la transparencia, aspecto que cada día es más demandado por la propia sociedad. En este punto, es clave el ODS16: Paz, justicia e instituciones sólidas, donde las empresas y las entidades públicas tienen mucho que aportar y que hacer en materia de impulso de los valores de la Agenda 2030, generando en sus estrategias nuevos modelos de gestión más innovadores, los cuales deben estar recogidos en el propósito de la organización, siempre pensando en ayudar a los demás.

Todos podemos contribuir al impulso de la Agenda 2030, tanto a nivel particular, desde nuestras familias, como desde el ámbito empresarial y las instituciones públicas. En este punto juegan un papel clave las pequeñas y medianas empresas, es decir, las pymes, generadoras de empleo en nuestro país y de arraigo en el territorio y de compromiso con la sociedad.

En nuestra opinión, es clave el ODS12: Producción y consumo responsables, donde es fundamental el impulso de la economía circular, es decir, pasar de un modelo productivo lineal a otro de producción circular, más sostenible y comprometido con el planeta, impulsando nuevos modelos de gestión en toda la cadena de valor, principalmente desde el eco diseño, teniendo muy presente los criterios, valores, opiniones y recomendaciones del consumidor final, el gran protagonista en las decisiones de compra.

Nos encontramos ante un nuevo modelo económico basado en la economía verde, digital y social que tiene siempre en cuenta a las personas. Este es uno de los principales valores de la Agenda 2030, debido a que las personas juegan un papel clave en todo este proceso, desde la formación, la educación y su implicación, y sobre todo teniendo en cuenta sus criterios sostenibles.

Es fundamental el papel de los ayuntamientos, que generan un liderazgo muy importante de participación ciudadana, de diálogo con los diferentes actores, sobre todo con el principal objetivo de diseñar ciudades sostenibles alineadas con el ODS11: Ciudades y comunidades sostenibles, siempre desde la óptica de la sostenibilidad en todo el ámbito urbanístico y de recreo.

Para finalizar este capítulo, queremos centrarnos en aportar soluciones concretas orientadas a conseguir los objetivos que establece la Agenda 2030, que pasan por tres líneas estratégicas:

1. Concienciar a través de los valores de la educación.
2. Motivar, generando confianza entre todos los grupos de interés.
3. Comunicar y reportar sobre los objetivos definidos, pero siempre con transparencia.

Como conclusión a este capítulo y con el principal objetivo de impulsar la Agenda 2030 en todas las entidades públicas y privadas, es necesario un nuevo concepto de liderazgo, mucho más alineado con los valores de la sostenibilidad, un liderazgo más amable que favorezca en todo momento la escucha permanente y permita la participación de las personas en las organizaciones sobre la implementación de los valores y los objetivos de la Agenda 2030. Porque de este nuevo liderazgo dependerá el éxito de este proyecto innovador y el futuro del planeta y la prosperidad de las personas. En este aspecto nos jugamos mucho, porque la situación climática global es más que preocupante.

Si alguna conclusión queremos destacar los autores es el compromiso de nuestra juventud con los valores y objetivos de la Agenda 2030. Son ellos, la generación mejor formada, la que impulsa en su cultura, principios y criterios de compra alineados con los ODS. Desde estas páginas, nuestro agradecimiento enorme al trabajo divulgador de los jóvenes en materia de sostenibilidad, unos verdaderos activistas de los ODS, todo un ejemplo de responsabilidad y compromiso por el planeta Tierra.

Economía circular: producción y consumo responsable

En el actual modelo de crecimiento económico y de consumo global, basado en que los recursos son ilimitados, en el que asistimos a constantes subidas de precios y, lo más preocupante, a la escasez de materias primas, debe hacernos reflexionar sobre cómo planificamos un tránsito de un modelo económico lineal hacía un modelo de economía circular.

La economía circular impulsa un nuevo e innovador patrón económico, que pretende prolongar todo el ciclo de vida del producto, desde su diseño inicial hasta la fase final, es decir, cuando el producto llega a convertirse en un residuo, siempre orientado a reducir su impacto en el medio ambiente, contribuyendo con responsabilidad al freno del cambio climático.

En este punto, es necesario aportar una definición muy acertada sobre este modelo de producción, y la encontramos de la mano de la Ellen McArthur Foundation, donde señalan que la economía circular es un sistema industrial regenerativo y restaurador por intención y diseño. Reemplaza al concepto de terminar con la vida útil del producto (modelo lineal), lo que conduce a la reutilización del producto, con reciclaje y restauración. Hace hincapié en el uso de energías renovables y la eliminación del uso de productos químicos tóxicos, y tiene como objetivo la eliminación de desechos a través de un diseño superior de materiales, productos, sistemas y, en última instancia, los modelos de negocio que los sustentan.

Todo un modelo económico orientado a la innovación y la sostenibilidad, que tiene como principal objetivo reducir y aprovechar al máximo los recursos naturales, los cuales son totalmente finitos, así como un buen uso de los residuos finales desde el punto de vista de alargar el ciclo de vida del producto, todo ello, alineado con el ODS12: Producción y consumos responsables, y de sus respectivas metas. En relación con el ODS12, si nos centramos en su meta 12.2, que establece que "de aquí a 2030 lograr la gestión sostenible y el uso eficiente de los recursos naturales", vemos la importancia de impulsar un modelo económico circular en todos los procesos productivos a nivel mundial.

En el año 2015 la Comisión Europea presentó un Plan de Acción por la Economía Circular alineada con la Estrategia Europea de Crecimiento 2020 y la hoja de ruta hacía una Europa Eficiente en el uso de sus recursos. Esta estrategia está enfocada a la transición hacia un nuevo modelo de crecimiento económico, más verde y sostenible, impulsando un uso racional de los recursos y un nuevo tipo de diseño de los productos, siempre desde el ámbito de la circularidad, generando investigación e innovación a través de conceptos como es el ecodiseño.

La UE durante los últimos años ha ido avanzado hacía el modelo de economía circular, consciente de los retos del planeta y de la escasez de recursos, con sus consecuencias en el cambio climático. Así lo puso en marcha el año 2018, aprobando un ambicioso paquete de medidas orientadas al control, seguimiento y trazabilidad de los residuos en los países miembros de la UE. Estas medidas lideradas por Europa impulsan nuevos modelos de buenas prácticas en materia de economía circular, tanto en el ámbito público como en el privado, así como el crecimiento de nuevas empresas y servicios, principalmente en el sector de la consultoría del diseño y de la innovación, siempre desde una perspectiva clara de generar empleo de calidad, reteniendo el talento y, sobre todo, generando interesantes oportunidades de trabajo para los jóvenes, acciones alineadas con las metas del ODS8: Trabajo decente y crecimiento económico.

La nueva estrategia en materia de economía circular, está basada en la diversificación de la economía, el diseño y reutilización de los recursos, principalmente en lo que afecta a las materias primas, siempre desde la óptica de contribuir a mejorar el cambio climático y reutilizar los recursos a través de procesos de innovación.

Europa en su liderazgo de impulso de la economía circular sigue legislando en esta materia. El pasado 23 de febrero de 2022 adoptó la propuesta de Directiva Economía justa y sostenible, que tiene como objetivo establecer normas legislativas para que las empresas respeten los derechos humanos y el medio ambiente en sus cadenas de suministro en todo el mundo. Toda esta legislación impulsada por Europa y que tambíén recoge España en la Estrategia Española de Economía Circular 2030, alineada con la europea y que también establecen los principios del Pacto Verde Europeo y los objetivos de la Agenda 2030, tiene como principio estratégico impulsar un plan de acción en economía circular para implantar una economía más limpia, verde y sostenible, reforzando la competitividad como país y como cultura productiva y empresarial.

Como se ha contado en capítulos anteriores de esta obra, una buena práctica impulsada desde la Administración pública es la estrategia aragonesa de economía circular, que tiene como principal objetivo generar en la comunidad autónoma aragonesa un sector estratégico emergente basado en empresas que llevan a cabo actividades de economía circular. Para ello, ha puesto en marcha diversas iniciativas, en materia de formación, financiación, ayudas de I+D y la más interesante, la convocatoria del sello Aragón Circular, orientada a empresas y administraciones locales.

Cada vez son más las empresas que recogen en su propósito los criterios de circularidad, siempre bajo un pensamiento estratégico a largo plazo, pensando en las personas y en el planeta, evitando las desigualdades y la oportunidad de diferenciación y de generación de valor añadido en el ámbito empresarial y por lo tanto social, haciendo referencia al diálogo permanente con los grupos de interés.

Los criterios del impulso de la economía circular en el ámbito empresarial son los siguientes:

- Regenerar.
- Rediseñar.
- Remanufacturar.
- Usar / compartir.
- Reciclar / revalorizar.

Esta estrategia genera muchas ventajas en las empresas y en las organizaciones, minimizando costes, reforzando el talento y la formación de calidad entre sus personas, sumando alianzas con otras entidades públicas y privadas (ODS17), recogiendo las diferentes demandas de los grupos de interés en materia de sostenibilidad, anticipándose a los cambios legislativos, reducir riesgos y lo más importante, alinearse con una de las megatendencias en gestión empresarial como es la Agenda 2030, siempre mejorando las condiciones del medio ambiente.

La pandemia de la covid-19 ha reforzado los criterios de circularidad en la sociedad y en la empresa. Los fondos de recuperación Next Generaion EU han sido una oportunidad para implantar sistemas innovadores, basados en la I+D+i, que generen valor en la empresa y den respuesta a las demandas de los grupos de interés a través de los modelos circulares. Para ese punto es clave el PERTE en economía circular, que tiene como principal objetivo "acelerar la transición hacia un sistema productivo más eficiente y sostenible en el uso de las materias primas", programa europeo el cual se encuentra dotado con 492 millones de euros de ayudas hasta 2026. Los principales sectores económicos beneficiados de este PERTE son el textil, el del plástico y el de los bienes de equipo para las energías renovables.

Para ello, es clave el máximo compromiso de los líderes de las organizaciones, impulsando una nueva cultura corporativa alineada con los principios rectores de la empresa, especialmente con su propósito, generando un diálogo abierto con las personas y los clientes, con el principal objetivo de aprobar una estrategia basada en el impulso de objetivos cuantificables, medibles y bien comunicados.

Un elemento clave de la economía circular en el ámbito de la empresa industrial, aparte de recoger los criterios de la Industria 4.0 y de la digitalización, es diseñar el producto hacía todas las etapas de uso de este durante toda su vida útil, especialmente en el momento de su diseño, impulsando un producto más sostenible ambientalmente y pensando en la gestión del residuo al final de su vida útil, todo un modelo de oportunidades económicas sostenibles desde el enfoque de la circularidad.

El futuro ya es una realidad y la economía circular es una demanda de los *stakeholders,* principalmente de los clientes y la propia sociedad, un elemento más de modernidad y de progreso, pero desde la sostenibilidad y pensando siempre en la limitación y la escasez de los recursos y sus afecciones al medio ambiente.

Son necesarias nuevas transformaciones en las organizaciones, desde la innovación y generando valor sostenible. Para ello, es hora de pasar a la acción y liderar en el ámbito empresarial el impulso de la economía circular.

Contribuir a conseguir los objetivos diseñados por Europa y por España en materia de economía circular es un trabajo colectivo, desde la innovación y el impulso de la I+D+i, garantizando de esta forma un mayor compromiso con el planeta y, sobre todo, generando nuevos modelos económicos con puestos de trabajo de calidad y pensados en la acción por el cambio climático.

Hay que tener en cuenta que la mayoría de los jóvenes que se incorporan al mercado laboral tienen muy claros los valores de la sostenibilidad y eligen la empresa a la que van a desarrollar su carrera profesional en base a estos valores. Por supuesto, todo lo relacionado con los nuevos propósitos de gobernanza más éticos y transparentes.

Lo mismo ocurre con los hábitos de consumo de dichos jóvenes, que son los que deciden qué productos adquieren según los conceptos de sostenibilidad y de circularidad, criterio que pone de manifiesto la importancia que tiene el consumidor en el ámbito de la economía circular, siendo esta una de las últimas tendencias establecidas por la Comisión Europea, junto con los aspectos del sector textil y de la construcción.

Finanzas sostenibles: criterios ASG (ambientales, sociales y de gobernanza)

En una sociedad cada vez más globalizada y con mayores principios basados en los valores de la ética y de la transparencia, los diferentes *stakeholders* demandan cada vez más estos elementos claves en el ámbito empresarial y en el sector público, criterios innovadores basados en el ODS16: Paz, justicia e instituciones sólidas.

Estas demandas y expectativas deben ser recogidas por las empresas, impulsando o revisando un nuevo modelo de propósito donde los conceptos de la sostenibilidad, la ética y la transparencia, figuren en el ADN de las empresas y de las organizaciones, recogiendo y poniendo en valor el diálogo permanente con los grupos de interés que forman parte del ecosistema empresarial en el que interactuamos, marcado por un entorno global de gran incertidumbre.

Los autores queremos destacar los desafíos de las empresas y organizaciones ante las nuevas megatendencias emergentes en materia de gestión empresarial, las cuales cambian muy rápido, como la propia sociedad en general, siendo las empresas las protagonistas de liderar esta adaptación hacía nuevos modelos de gestión empresarial, los cuales cambian a una gran velocidad, donde es necesario impulsar las últimas tendencias en gestión, porque de lo contrario las empresas que no sigan estos procedimientos más sostenibles quedarán descolgadas a medio plazo del propio mercado.

Es importante recordar la importancia que supuso hace unos años para las organizaciones públicas y privadas la incorporación en sus estrategias de la responsabilidad social corporativa (RSC), ahora es necesario alinearlas con los principios de la sostenibilidad y de la gobernanza en las empresas e instituciones, todo ello bajo los ODS que impulsa la Agenda 2030. Para ello, y así lo ponemos de manifiesto en este libro, son necesarios nuevos liderazgos más amables, humildes y su vez sostenibles.

Este capítulo del libro, quiere resaltar una de las tendencias en gestión empresarial que será clave durante este año 2022 y futuros, como son los criterios ASG en castellano y ESG en inglés.

Los criterios ASG responden a aspectos ambientales, sociales y de gobernanza, los cuales deben formar parte de las estrategias de las empresas. Son, una vez más, un elemento de posicionamiento y de dar respuesta responsable y transparente a las demandas de los diferentes *stakeholders,* fruto de un diálogo permanente y comprometido, que en tiempos de cambios globales es más necesario que nunca.

Estos criterios diferencian a la empresa por su compromiso con la sostenibilidad en el ámbito de la gestión empresarial, generando una nueva cultura de organización, basada en un concepto de rentabilidad, implantando la transparencia a través de nuevas herramientas de *reporting* lideradas por la Unión Europea, como es la información no financiera y lo referente a la taxonomía europea de finanzas sostenibles, muchas de ellas, recogidas e implantadas en nuestro país.

Es hora de establecer una nueva cultura basada en innovadores estilos de comunicación, mejorando la imagen y el posicionamiento de la empresa, y lo más importante, generando un buen clima laboral, implementando en la estrategia el diálogo con los grupos de interés, aspecto que demandan los clientes y que en el tiempo puede convertirse en una excelente herramienta de *marketing*.

El compromiso social en el que la empresa se debe orientar estratégicamente, cubriendo la demanda de los *stakeholders,* que hacen referencia al binomio relación empresa-sociedad, generando oportunidades en el territorio y, sobre todo, empleo y talento de calidad, especialmente para la mujer y los jóvenes, todo ello alineado con el ODS8: Trabajo decente y crecimiento económico, así como el impulso social a los proyectos que las diferentes asociaciones y oenegés llevan a cabo en el territorio, donde la colaboración público-privada es la alianza clave para su éxito.

En momentos donde se habla y se debate tanto sobre la España vaciada, el mantener las empresas en el territorio es fundamental para evitar la despoblación y consolidar muchos de los servicios básicos. Eso sí es un ejemplo de sostenibilidad.

Esta apuesta por la implementación en la empresa de los criterios ASG y de reportar bajo herramientas de información no financiera como es la memoria anual de sostenibilidad, requiere de grandes dosis de liderazgo. Estas estrategias son los procesos que deben surgir desde la alta dirección o bien desde los consejos de administración, de lo contrario no surgirán a efectos y la empresa perderá posicionamiento en el mercado e influirá en su reputación e imagen de marca.

Para reforzar el concepto sobre la reputación, queremos poner en valor la fórmula que recoge el libro publicado por esta editorial, *Agenda 2030. El gran desafío del desarrollo sostenible,* que plantea la siguiente multiplicación:

REPUTACIÓN = propósito × ética × transparencia × valores × ODS16: Paz, Justicia e Instituciones Sólidas

$$R = P \times E \times T \times V \times ODS16$$

Este siglo XXI tan volátil y globalizado pone de manifiesto la necesidad de implantar un nuevo concepto de reputación en el que los criterios ASG, alineados con los ODS, son claves para implantar nuevos valores como la innovación, el talento, la gobernanza y, lo más importante, el compromiso con las personas y con el medio ambiente, así como su comunicación ética y transparente a los clientes, personas y sociedad.

Una forma que tienen las empresas para mejorar y, sobre todo, para salvaguardar su reputación, es la gestión de los riesgos, es integrar en el *core business* de la organización los criterios ASG, alineados con la responsabilidad social y los ODS.

Para la gestión de los riesgos es clave definirlos previamente y, sobre todo, analizar sus posibles consecuencias, Uno de los riesgos que puede tener una empresa es su falta de compromiso con el medio ambiente y la sostenibilidad, aspecto al que es necesario buscar soluciones alternativas a través de la implantación de un plan de acción, con su correspondiente ejecución y seguimiento.

Es importante la motivación y la formación de las personas de la organización que deben llevar a cabo la implantación de los criterios ASG, porque su trabajo y dedicación son elementos clave para su éxito. Por este motivo, son necesarios liderazgos en los que el empoderamiento de los equipos sea su principal objetivo del propósito, impulsando una visión a largo plazo. También es fundamental llevar a cabo formación de calidad en materia de criterios ASG para poder aplicarnos de manera adecuada en la estrategia de la empresa.

Aspectos tan importantes como la Agenda 2030, los criterios verdes, digitales y sostenibles impulsados desde la Unión Europea, la taxonomía EU, el *compliance* y la sostenibilidad, son palabras, términos y conceptos que han venido para quedarse. Las empresas del siglo XXI y en la etapa poscovid-19 deben impulsar todos estos aspectos en sus líneas estratégicas, liderando un nuevo modelo de cultura más innovadora y creativa, donde es clave su comunicación.

Otro de los aspectos básicos que ponen en valor los criterios ASG es la gobernanza en las empresas a través de las decisiones de los grandes órganos de gobierno, principalmente desde los consejos de administración, donde tienen y deben aprobar todas esas líneas de actuación orientadas a cubrir los nuevos objetivos, así como poner a disposición de los equipos que han de liderar su implantación los recursos tangibles e intangibles necesarios para su éxito.

En este aspecto es necesario un nuevo modelo de gobernanza, más ético, más transparente, donde se tomen acuerdos basados en una estrategia sostenible y se comuniquen con innovadores modelos de *reporting* a toda la organización y al resto de los grupos de interés, así como la incorporación en los órganos de gobierno, de la figura de consejeros externos, concepto que también es aplicable en las pymes y empresas familiares, aspecto clave para su continuidad y profesionalización. Sobre este punto, es importante reflexionar que todas las empresas, tanto las cotizadas como las pymes y familiares, deben afrontar los retos de reportar y establecer en sus estrategias de empresa los criterios ASG, porque de lo contrario se quedarán descolgadas de las demandas que establecen los diferentes grupos de interés y, con el tiempo, dejarán de ser rentables desde el punto de vista de la sostenibilidad, con las consiguientes afecciones en la economía y en el empleo.

Si hacemos referencia a los criterios ambientales, cada vez más los consumidores disponen de más información sobre nuestros impactos en el medio ambiente, es decir, en el entorno donde estamos establecidos como empresa. Ese es un elemento clave de diferenciación, implantar modelos sostenibles alineados con el ODS13: Acción por el clima, y compartirlos con los clientes, todo ello bajo un modelo europeo más verde, para conseguir la prosperidad del planeta y de sus personas, evitando las desigualdades.

Una buena gestión de los criterios ASG en la organización requiere de la implantación de metas e indicadores, aspecto fundamental para medir la evolución de dichos objetivos y, sobre todo, para conseguir ese cambio de estrategia en la gobernanza de la empresa.

En el mes de mayo de 2022, la Red Española del Pacto Mundial, Global Compact, puso en valor las acciones del futuro plan de finanzas sostenibles en nuestro país, posicionándonos como "un país referente en la emisión de instrumentos financieros sostenibles", todo ello con el apoyo y la colaboración con las pymes y, sobre todo, impulsando una coordinación administrativa. Todo un ejemplo de promoción de alianzas público-privadas.

En este sentido, es fundamental la apuesta decidida en materia de formación e información para poder sensibilizar en productos financieros sostenibles y que fomenten buenas prácticas en materia de una banca más verde y sostenible en todos sus ámbitos, siempre impulsando los principios de ética y transparencia.

Este plan de finanzas sostenibles recoge tres pilares claves: la taxonomía, estandarizar la información no financiera y el impulso de herramientas estratégicas. Todo ello para mejorar la competitividad del sector financiero en nuestro país, aspecto en que la propia Comisión Europea está avanzando y legislando a buen ritmo, porque de estos criterios depende la credibilidad de las entidades financieras.

Es importante resaltar, finalmente, que nos encontramos ante un nuevo modelo de cultura organizativa en todas las empresas, tanto en las grandes cotizadas como en las pequeñas y medianas empresas y familiares. Estas últimas son el pilar económico de nuestro país.

Todas las empresas y organizaciones sin excepción deben incluir en sus agendas estratégicas los criterios ASG, toda una oportunidad hacia la empresa sostenible, siempre anticipándose a dos retos que nos depara este siglo, como son las finanzas sostenibles, y el cuidado y el respeto por los derechos humanos, así como recogerlo y aprobarlo en el plan estratégico de la compañía, siempre bajo el objetivo de conseguir organizaciones sobresalientes, criterio innovador que es aplicable también al ámbito de los emprendedores autónomos.

Conclusión

Al final de esta obra queremos llegar a varias conclusiones. El principal objetivo es concientizar a la sociedad en general frente a esta problemática de grandes dimensiones como es la crisis ecológica, promover la participación y el apoyo de las asociaciones, oenegés, y fomentar este conocimiento para que las pequeñas, medianas y grandes empresas lideren y se sumen a la acción climática en positivo.

La crisis ecológica se ha convertido en las últimas dos décadas en un asunto de suma relevancia dadas las consecuencias y los efectos negativos de la abrupta extracción y mal uso de los recursos naturales. Esto de algún modo está afectando a los ecosistemas, flora, fauna y comunidades. Ocurre a partir de la ausencia de políticas públicas globales, leyes, normativas y sanciones que hagan frente a la depredación de los recursos naturales del planeta.

Este libro es una invitación al lector para seguir investigando y documentándose ante esta cuestión tan compleja. Debemos dejar muy claro que no se puede contemplar desde una sola visión, más bien merece un abordaje multidisciplinario: la ciencia, la geología, la biología, la economía, la salud y las ciencias afines comprometidas con la investigación y también con mejorar las condiciones del ecosistema para garantizar la subsistencia humana sobre la tierra.

Mientras estés leyendo este libro, lamentablemente en muchas partes del planeta estarán ocurriendo grandes problemas ocasionados por el cambio climático, por lo tanto es muy necesario que cada uno de nosotros sea agente del cambio, entender la delicada situación a la que nos enfrentamos, actuar en la medida de nuestras posibilidades y generar un efecto multiplicador en la sociedad. El futuro del planeta está en nuestras manos y es el momento de actuar.

Ambos autores coincidimos plenamente en una serie de reflexiones, bajo la palabra retos, que afectan de manera clave a superar los efectos de esta crisis que estamos sufriendo y que hipoteca a futuras generaciones: ¿se cumplirán los acuerdos de París y los objetivos de la Agenda 2030? ¿Todas las instituciones públicas están alineadas para impulsar políticas que mitiguen, adapten o divulguen información sobre esta problemática? ¿Son escuchadas las demandas de la sociedad civil? ¿Existen suficientes apoyos gubernamentales y de las empresas privadas para las asociaciones civiles y oenegés involucradas con la acción climática, la protección medioambiental o los ODS? ¿Ponemos en valor el papel de los jóvenes frente a la lucha del cambio climático? ¿Las corporaciones empresariales están alineadas con todos estos objetivos?

Se trata de reflexiones que nos invitan a parar para analizar qué planeta queremos dejar a futuras generaciones y, sobre todo, a alinear las políticas y acciones globales para la mitigación o adaptación frente los efectos del cambio climático, impulsando debates sobre los modelos económicos adaptados a la sostenibilidad y al consumo responsable, alejándonos de la sociedad de consumo, aunque cada uno de nosotros tenga el poder de decisión de consumir de manera más sostenible. Pero si la mayoría de los residuos provienen del lado productivo de la economía o si la política económica depende de una mayor producción y de un mayor consumo, nuestra acción individual queda minimizada.

Parte de la solución pasa por plantear un cambio de modelo económico, pasando de una economía lineal a una economía circular, donde cambian los valores y los procesos productivos, generando un nuevo modelo de consumo más sostenible y acorde con los recursos del planeta.

El papel de los estados es clave para cumplir con todas las acciones que recogen los grandes acuerdos en materia de reducción del CO_2 y Agenda 2030, porque son ellos los que deben impulsar en sus políticas públicas este tipo de tareas y apostar por modelos energéticos que permitan una transición energética, pasando de las energías fósiles a las renovables, pero a través de líneas de autoconsumo y de comunidades energéticas, todo un nuevo modelo económico más sostenible y basado en la economía social, siempre alineado con muchos de los valores recogidos en esta obra.

Otro protagonista clave en todo este proceso, tal y como hemos detallado en el libro, es el sector empresarial, que, a través de un nuevo modelo de liderazgo organizacional, basado en criterios ASG (ambientales, sociales y de gobernanza), generen nuevos modelos de negocio y de actividades más sostenibles que tengan en su ADN la sostenibilidad y el impacto en el territorio, un paso más a la denominada responsabilidad social moderna y avanzada como reclama este nuevo siglo.

Otro actor fundamental en todo este proceso de cambio político, económico y social, y que cada día tiene más peso en sus iniciativas y propuestas, es la sociedad civil, un elemento que refuerza la voz de los ciudadanos y que es fundamental mejorar los canales de comunicación con las instituciones públicas y empresas privadas, para recoger sus innovadoras iniciativas en mejora de las oportunidades de las personas. En este reto, juegan un papel clave los ayuntamientos, por su valor de estar al lado de los ciudadanos siempre desde la escucha activa. Pero, sin duda alguna, los verdaderos protagonistas del siglo XXI en la acción climática son los jóvenes. Los autores, a través de artículos de opinión que han publicado durante los últimos años y conferencias internacionales, han resaltado la gran importancia que tienen los jóvenes en liderar propuestas e iniciativas en el activismo contra la crisis ecológica, donde es fundamental que tengan voz activa en las diferentes organizaciones estatales e internacionales, donde se evalúan y se proyectan todas las políticas, porque la voz de los jóvenes es imperativamente necesaria en todo este proceso.

Gracias por dedicar tu tiempo a la lectura de este libro sobre la crisis ecológica, dice mucho de tu compromiso como persona. Sobre todo, te agradecemos tu gran contribución a todo este proceso de liderar los conceptos de la sostenibilidad y de lucha contra el cambio climático en todas las áreas, tanto personales como familiares y profesionales. A partir de ahora, eres un actor del cambio.

Bibliografía

Por autor/es:

ANDREWS, C. *WWF Report: 52 percent of the world's biodiversity is gone,* 2014, October 7.
http://goodnature.nathab.com/wwfs-living-planet-report-2014-we-now-have-less-than-half-the-biodiversity-of-just-forty-years-ago/

BAKER, A. *How climate change is behind the surge of migrants to Europe,* 2015, September 7.
http://time.com/4024210/climate-change-migrants/

BECKERMAN, W. E. *"Sustainable development": Is it a useful concept?* Environmental Values, vol. 3, págs. 191–209, 1994.

BRAND, F. *Critical natural capital revisited: Ecological resilience and sustainable development,* Ecological Economics, vol. 68, núm. 3, págs. 605–612, 2009.

CARVALHO, F. *Agriculture, pesticides, food security and food safety,* Environmental Science & Policy, vol. 9, núm. 7-8, págs. 685-692, 2006.
Doi:10.1016/j.envsci.2006.08.002

CHAPPINE, P. *Causes of the first Industrial Revolution: Examples & Summary*, 2016. http://study.com/academy/lesson/causes-of-the-first-industrial- revolution.html

CLAY, J. *World agriculture and the environment: A commodity-by-commodity guide to impacts and practices*, Island Press, Washington, 2004.

DALY, H. E. *On Wilfred Beckerman's critique of sustainable development.* Environmental Values, vol. 4, págs. 49-55, 1995.

DE VOS, J. M., JOPPA, L., GITTLEMAN, J. L., STEPHENS, P. R., PIMM, S. L. *Estimating the normal background rate of species extinction,* Conservation Biology, vol. 29, págs. 452-462, 2015. Doi:10.1111/cobi.12380

EKINS, P., HILLMAN, M., HUTCHISON, R. *Wealth beyond measure: An atlas of new economics,* Gaia Books, London, 1992.

GERBENS-LEENES, P. W., HOEKSTRA, A. Y. *Business water footprint accounting: A tool to assess how production of goods and services impacts on freshwater resources worldwide,* value of Water Research Report Series No. 27, 2008. http://www.waterfootprint.org/Reports/Report27-BusinessWaterFootprint.pdf

HARDOON, D. *Wealth: Having it all and wanting more.* Oxfam, 2015. https://www.oxfam.org/en/research/wealth-having-it-all-and-wanting-more

JACOBS, M. *Sustainable development: capital substitution and economic humility: A response to Beckerman*, Environmental Values, vol. 4, págs. 57–68, 1995.

JUNIPER, T. *Framing natural capital: Economy and ecology are not in competition*, The Guardian, April 23, 2014. https://www.theguardian.com/sustainable-business/blog/framing-natural-capital-economy-ecology-not-competition

LAPEÑA CREGENZÁN, M. L. *Agenda 2030 El gran desafío del desarrollo sostenible*, Editorial Editatum, Madrid, 2021.
— Artículos de opinión publicados por el autor, Miguel Luis Lapeña Cregenzán, en el *Diario del Altoaragón* y el Thik Net Sostenibles.Org entre los meses de febrero y julio de 2022.

MADAAN, S. *How does deforestation affect climate change?*, 2016. https://eartheclipse.com/environment/climate-change/how-does-deforestation-affect-climate-change.htmlchange.html

PACHAURI, R. K., MAYER, L. A. (eds.), Core Writing Team, *Climate change 2014: Synthesis report. Contribution of Working Groups I, II, and III to the Fifth Assessment Report of the Intergovernmental Panel on Climate Change*, IPCC, Geneva, Switzerland, 2014.

SCHULTZ, C. *Climate change is already causing mass human migration*, 2014.

SCHULTZ, C. *Climate change is already causing mass human migration*.
https://www.smithsonianmag.com/smart-news/climate-change-already-causing-mass-human-migration-180949530/?no-ist

STOCKER, T. F., QIN, D., PLATTNER, G.K., TIGNOR, M., ALLEN, S. K., BOSCHUNG, J., NAUELS, A., XIA, Y., BEXAND, V., MIDGLEY, P. M. (eds.). *Climate Change 2013: The Physical Science Basis. Contribution of Working Group I to the Fifth Assessment Report of the Intergovernmental Panel on Climate Change*, IPCC, Cambridge University Press, United Kingdom & New York, 2013.

ROCKSTRÖM, J., STEFFEN, W., NOONE, K., PERSSON, A., CHAPIN, F. S., LAMBIN, E. et al. *Planetary boundaries: Exploring the safe operating space for humanity*, Ecology and Society, vol. 14, núm 2, art. 32, 2009.

ROZEMA, J., FLOWERS, T. *Crops for a salinized world.* Science, 322 (5907), págs. 1478-1480, 2008.
doi:10.1126/science.1168572x

URL Informes:

About eutrophication, World Resource Institute.
https://www.wri.org/initiatives/eutrophication-and-hypoxia

Biodiversity, National Wildlife Federation.
https://www.nwf.org/Educational-Resources/Wildlife-Guide/Understanding-Conservation/Biodiversity

Cholera, World Health Organization, 2022.
http://www.who.int/mediacentre/factsheets/fs107/en/

Climate change: evidence and causes. The Royal Society, 2020.
https://royalsociety.org/~/media/royal_society_content/policy/projects/climate-evidence-causes/climate-change-evidence-causes.pdf

Coal 2018. Analysis and Forecast to 2023, International Energy Association (IEA), 2018.
https://www.iea.org/coal2018/
https://iea.blob.core.windows.net/assets/85b9fc1b-74a6-477e-8052-81bb0d821f4a/Coal_2018.pdf

Ecological footprint. Global Footprint Network, 2018.
http://www.footprintnetwork.org/en/index.php/GFN/page/world_footprint/

Ecosystems and human wellbeing synthesis report. Millennium Ecosystem Assessment (MEA), 2005.
http://www.millenniumassessment.org/en/index.html

Freshwater crisis, National Geographic, 2016.
https://www.nationalgeographic.com/environment/article/freshwater-crisis

Global Assessment Report on Biodiversity and Ecosystem Services, IPBES, 2019.
https://ipbes.net/global-assessment

Global warming: News, facts, causes & effects. LiveScience, 2016.
http://www.livescience.com/topics/global-warming

Global Warming of 1.5 °C Degrees. IPCC, 2018.
https://www.ipcc.ch/site/assets/uploads/sites/2/2018/07/SR15_SPM_version_stand_alone_LR.pdf

Groundswell: Preparing for internal climate migration. World Bank, 2018.
https://openknowledge.worldbank.org/handle/10986/29461

Have we entered the "Anthropocene"? Global IGBP Change. October 31, 2010.
http://www.igbp.net/news/opinion/opinion/haveweentered theanthropocene.5.d8b4c3c12bf3be638a8000578.html

How many species are we losing, WWF, 2016.
https://wwf.panda.org/discover/our_focus/biodiversity/biodiversity/

Living Blue Planet Report: Species, habitats and human well-being, WWF, 2015.
https://wwf.panda.org/wwf_news/?252590/Living-Blue-Planet-Report

Living Planet Report 2018, WWF, 2018.
https://www.worldwildlife.org/pages/living-planet-report-2018

Nature's Dangerous Decline 'Unprecedented'; Species Extinction Rates 'Accelerating'. Sustainable Development Goals, United Nations.
https://www.un.org/sustainabledevelopment/blog/2019/05/nature-decline-unprecedented-report.

Nutrient pollution: The problem. EPA, March 1, 2016.
https://www.epa.gov/nutrientpollution/problem

Population Division, United Nations Department of Economic and Social Affairs, 2015.

The five capitals model: a framework for sustainability, Forum for the Future, October 19, 2016.
https://www.forumforthefuture.org/project/five-capitals/overview

The United Nations world water development report. UNESCO, Paris, 2014.

What is habitat?, Environment and Ecology, 2016. Retrieved from http://environment-ecology.com/what-is-habitat.html

World Population Prospects: The 2015 revision. World Population, United Nations, 2015.
https://www.un.org/en/development/desa/publications/world-population-prospects-2015-revision.html

World Population Prospect 2017. United Nation DESA, Population Division, 2017.
https://www.un.org/development/desa/publications/world-population-prospects-the-2017-revision.html

World water vision. World Water Council. https://www.worldwatercouncil.org/en/world-water-vision

World water vision, World Water Council, 2000. https://www.worldwatercouncil.org/fileadmin/wwc/ Library/Publications_and_reports/Visions/Gender Mainstreaming.pdf

www.climate.gov. National Oceanographic and Atmospheric Administration (NOAA).

www.prb.org/collections/data-sheets/. Population Reference Bureau. World Population Data Sheet. Washington DC.